KB031026

20년간 남미에서 지낸 '허다연의 레시피'

남미 가정식

허 다 연 지음

밥 한 끼의 위로
그리고 휴식

2018년 봄을 기다리며, **허 다 연**

20년을 남미의 작은 나라 파라과이에서 살다 온 내가 한국에 와서 가장 헷갈렸던 것 중 하나가 "밥 한번 먹자"라는 말이었다. 아주 가까운 사람도, 잘 알지 못하는 사람도, 심지어 가끔은 처음 만나는 사람도 '언제 한 번'이라는 애매한 시간을 정해놓고 같이 밥을 먹자는 것이었다. 그 말의 속뜻을 정확하게 이해하기까지 시간이 좀 걸렸다.

어떤 사람에게는 진심일 수도 있는 말이 어떤 사람에게는 가벼운 인사를 넘어 아무런 의미 없는 말일 수 있다고 생각하니, 어느 순간 자연스럽게 그럴 수도 있겠다 싶어졌다. 그리고 알게 되었다 실제로 밥 한 끼가 많은 관계를 열고 동시에 닫기도 한다는 것을... 그러고 보면 나도 "밥 한잔하자"라는 멋쩍은 말을 건넨 신랑을 만나 12년째 옆을 지키고 있는 것처럼 말이다.

밥을 함께 먹는 것은 별다른 의미가 없을 수도 있지만 반대로 수많은 가치가 담겨 있을 수도 있다. 어릴 때 매일 먹던 엄마가 차려주는 밥을 그 당시에는 별생각 없이

먹었겠지만 생각 날 때 먹을 수 없는 지금, 엄마의 밥은 나에게 너무나도 큰 그리움으로 다가온다.

그렇듯이 남미에 살면서 쉽게 맛볼 수 있었던 음식을 더 이상 먹을 수 없게 되었을 때 괜히 아쉬움이 배가 되는 것 같았다. 평상시에는 먹지도 않던 메뉴들이 해외에서 조금만 오래 있었다 싶으면 떠오르듯이 추억 가득한 그곳의 음식은 나에게 엄마의 요리만큼이나 많은 의미를 가지고 있다. 밥 한 끼에 무슨 의미씩이나 있나 싶겠지만 남미 음식은 대체적으로 함께 먹는 메뉴들이 많다 보니 자연스럽게 추억들이 생기고, 그것이 기억으로 남게 되었던 것 같다.

아르헨티나의 바비큐인 아사도는 식구들을 먹이기 위해 아버지가 뙤약볕에서 몇 시간 동안 고기를 굽고, 강제로 그 냄새를 맡게 되는 이웃집과도 나눠 먹는 요리이다. 멕시코의 파히타도 또띠야 위에 준비되어 있는 재료를 함께 나눠 넣으며 자연스럽게 대화를 할 수 있게 된다. 파라과이의 마테차도 같은 빨대로 차례대로 돌려 마시며

관계를 형성하는 문화가 있는 것을 보면 "밥 한번 먹자"는 의미는 우리나라에만 존재하는 것은 아닌 것 같다. 이러한 그들의 풍습만 봐도 중남미 요리는 One Dish 음식으로 혼자 먹기에도 좋지만, 연인 또는 가족과 먹기에도 특별하고, 집들이용으로도 화려하고 맛있는 먹거리라는 것을 알 수 있다.

이 책을 쓰면서 나에게 밥 한 끼의 무게는 어느 정도일까 고민하게 되었다. 그러면서 엄마가 차려준 밥상 외에도 '잊을 수 없는 한 끼 식사'가 많았던 것을 깨닫게 되었다. 언젠가 실패를 맛보고 신랑과 떠났던 남미 여행의 마지막 도착지 페루에서 마르틴이 위로와 함께 대접한 해산물 요리, 100년 된 부에노스 아이레스 카페에서 새로운 출발을 응원하며 이사벨과 서로 나눠 먹은 추로스와 핫초코, 멕시코 출장 중 살바도르가 우리 팀을 집으로 초대해서는 귓속말로 "네가 제일 수고 했어"라며 건네던 타코, 홀로 쿠바에 도착했던 밤 무엇 때문인지 무서워서 방에 혼자 들어갈 수 없던 나에게 죠바나가 건넨 수프, 여행

길에서 만났던 안드레아와 테레사를 각각 칠레와 멕시코에서 다시 만나 함께 먹었던 그 나라의 전통요리들, 아빠가 혼자 갔던 리우를 아빠가 돌아가신 후 아빠를 기억하며 가족이 함께 가서 먹었던 브라질 요리들, 잊으려야 잊을 수 없는 밥 한 끼가 나에게 위로를 건넸던 순간들이었다. 이렇게 돌아보니 작은 밥 한 공기는 많은 감정을 꾹꾹 눌러 담았던 위로나 휴식을 맛볼 수 있는 시간이었던 것 같다.

바쁘게 일을 하면서도 꼭 우리의 끼니를 챙기던 엄마처럼, 어느덧 나도 가족을 위해 밥을 짓는 엄마가 되었다. 고마운 남편을 위해, 사랑하는 딸을 위해 만들기 시작한 남미 요리는 나만의 레시피가 되어 다른 사람들에게도 따뜻한 위로를 전해 줄 수 있는 요리가 되기를 소망한다. 그리고 이제는 진심을 담아 말할 수 있다.

"우리 언제 밥 한 끼 먹자!"

content

1. 살사(Salsas) - 소스

2. 엔살라다(Ensaladas) - 샐러드

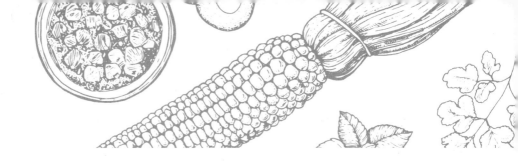

3. 타코(Tacos)

4. 쁠라또 푸에르테(Plato Fuerte) - 메인요리

5. 아로스(Arroz) - 쌀요리

6. 브런치(Brunch)

7. 빠라 삐까르(Para Picar) - 안주

01 **수페르 나초스** (Super Nachos) - 토핑 가득 나초 *104*

02 **엘로테** (Elotes) - 멕시코 원조 마약 옥수수 *106*

03 **케사디야** (Quesadilla) - 토마토 시금치 케사디야 *108*

04 **감바스 알 아히요** (Gambas al Ajillo) - 스페인식 새우 요리 *110*

05 **뻬스카도 프리토** (Pescado Frito) - 남미식 생선 튀김 *112*

8. 메리엔다(Merienda) - 간식

01 **뻬리또 깔리엔떼** (Perrito Caliente) - 토핑 가득 핫도그 *116*

02 **로미토** (Lomito) - 소고기 스테이크 버거 *118*

03 **로미토 아라베** (Lomito Arabe) -- 남미식 케밥 *120*

04 **살치 파파** (Salchipapa) - 소시지 감자 튀김 *122*

05 **피자 브라질레라** (Pizza Brasilera) - 브라질 피자 *124*

9. 뽀스뜨레(Postres) - 디저트

10. 베비다(Bebidas) - 음료

기쁨과 열정의
남미요리

망고 : 망고는 세계에서 가장 많이 재배되고
있는 열대 과일 중 하나이다. 망고는 과육을 날로
먹기도 하고 주스, 디저트나 샐러드드레싱에도
많이 사용되는데 남미에서 마셔본 생 망고
주스를 잊을 수 없다는 리뷰가 많다.

신랑과 나는 유년 시절을 남미에서 보냈다. 나는 한국에서 산 것보다 파라과이에서 산 세월이 두 배 정도로 길다. 그리고 아주 어려서부터 현지 음식을 무척이나 좋아했었다. 하굣길에 집 앞에서 냄새를 맡고 오늘 점심 메뉴가 한식인 것 같으면 집으로 가지 않고 근처 식당으로 들어가 타야린 한 접시를 혼자 먹고 집에 갈 정도였다.

그러다 보니 고향의 맛이 그리워지는 날들이 많았다. 지금은 한국에서 살고 있지만 남미 요리를 먹지 않고 일주일 이상 넘길 수 없을 정도로 아직도 그곳의 음식을 향한 애정이 남다르다. 칠레, 쿠바, 멕시코에 있는 현지 친구들에게 국제전화로 조리법을 묻기도 하고, 남미로 떠나는 지인들에게 구하기 힘든 식재료를 부탁하기도 했

다. 그리움을 달래기 위해 만들기 시작했던 남미 가정식은 남편이 가장 좋아하는 메뉴가 되었고, 가족과 지인들을 초대해서 대접하는 요리가 되기도 했고, 레시피를 요청하는 사람들이 많아져서 공유하게 되었으며 결국에는 책으로 정리를 하게 되었다.

여러 나라의 작은 밥집, 가정식 가게들을 다니다 보니 나조차도 비슷하다고 생각했었던 남미 메뉴가 얼마나 다른지 알게 되었다. 그러면서 자연스럽게 내가 자란 파라과이의 요리만이 아닌 남미 가정식에 대한 관심이 생기게 되었다.

남미의 여러 나라로 여행 또는 출장을 갔다가 집으로 돌아오면 그때 먹었던 요리의 레시피를 찾아보고 집에서

옥수수 : 수천 년 전에 재배된 옥수수의 원산지도
멕시코와 남아메리카 북부이다. 옥수수는 몸에
섬유질을 더하고, 다양한 영양소를 갖고 있고,
이뇨 작용과 항산화 작용을 한다.

코코넛 : 열대지방에서 쉽게 찾아볼 수 있는
코코넛은 포화지방 함량이 많고 신진대사를
높인다. 면역계 강화, 당뇨병 조절, 골다공증
및 소화에 도움을 준다고 알려져 있다.

바나나 : 세계에서 가장 중요한 식용작물인 바나나는 달콤해서 맛도 좋고 영양가가 많아 1년 내내 소비되는 과일 중 하나이다. 남미에서는 궤양이나 혈압에 시달리는 사람들에게 도움이 된다고 알려져 있다.

아보카도 : 원산지가 멕시코인 아보카도는 요즘 우리나라에서도 인기이다. 비타민, 미네랄이 많은 열대 과일인데 태아 발달에 좋은 엽산도 많이 있어서 남미에서는 임신 중에 아보카도를 많이 먹게 한다.

바로 만들어 봤다. 전통요리 같은 경우에는 현지와 같은 식재료를 우리나라에서 구하기 어렵다 보니 다른 재료로 바꿔서 시도해보고 가장 비슷한 맛을 내보려고 나름대로 연구를 했다. 그렇게 우리 집 밥상에는 일주일에 한 번 정도 다양한 남미 요리가 올라오곤 했다.

남미 음식에는 기쁨(alegría)이 있고, 주재료는 열정(pasión)이라고 한다. 중남미 요리가 미국인들의 메뉴판을 바꾼 것처럼 그 매력에 대해 알면 알수록 다양한 맛에 빠져들 것이다. 미국인들뿐만 아니라 우리나라 사람들 입맛에도 딱 맞는 이유 중의 하나는 식재료가 비슷하기 때문이다. 처음 보는 채소, 먹어보지 못한 과일, 맛이 상상이 안 되는 재료보다는 알고 있는 식재료를 다른 조리법으로 만드는 것이기 때문에 익숙하기도 하지만 다른 맛의 요리들이 재미있게 다가올 것이다.

우리가 쉽게 마트에서 찾을 수 있는 토마토, 감자, 옥수수, 아보카도와 같은 야채는 전부 남미가 원산지이다. 그렇기 때문에 남미는 이 식재료들을 최고로 맛있게 조리할 수 있는 레시피를 가지고 있는지도 모른다. 남미에서 많이 사용되고 있는 건강한 재료에 대해 간략한 특징을 소개할 필요가 있다. 모든 슈퍼 푸드가 그렇듯이 알고 먹으면 약이 되고, 모르고 먹으면 독이 될 수 있으므로 먼저 식재료에 대한 정보를 알아 두는 것이 좋다.

토마토 : 세계에서 가장 장수한 사람들이 모여살고 있는 곳은 에쿠아도르 빌카밤바이다. 그들의 장수 비결은 토마토라고 한다. 토마토 역시 원산지는 남미 페루이다. 토마토의 리코펜은 노화의 원인이 되는 활성산소를 배출시켜 세포의 젊음을 유지시킨다.

마늘: 백 가지 이로움이 있다는 마늘은 면역 체계를 개선하고 에너지를 증가시키는 데 도움이 되는 특성 때문에 아시아뿐만 아니라 남미에서도 사랑받는 식재료이다.

계량법 익히기

1T 계량스푼 15ml, 숟가락으로
수북하게, 볼록 올라올 정도

½T 계량스푼으로 7.5ml, 숟가락으로
절반만, 볼록 올라올 정도

1tsp 계량스푼 5ml, 숟가락으로
1/3 정도

1꼬집 엄지와 검지로
조금 집은 양

1줌 한 손에 쥘 만한 양

1컵 종이컵에 가득 찰 정도
180ml

½컵 종이컵 절반보다 위로
올라올 정도 90ml

자주 사용되는 조리도구

계량스푼 또는 숟가락

계량스푼은 큰 술은 테이블스푼(T),
작은 술은 티스푼(t)으로 표기

계량컵 또는 종이컵

계량컵은 기본 200ml이나 가장 비슷한
종이컵(180ml)으로 대체 가능

집게

뜨거운 것이나 튀김을 잡을 때 사용,
재료를 나눠 먹는 음식에도 재료를 집기
위해 사용

무쇠 프라이팬

일반 프라이팬도 가능하지만 숯불에
익혀야하는 고기를 쉽게
요리하기 위해 사용

빠에야팬

납작하고 깊이가 얕은 열전도율이
좋은 프라이팬

튀김 건지기

튀김에 기름이 금방 빠져나가 더욱
바삭하게 만들어주기 위해 사용

미트 해머

고기를 연하게 하기 위해
두들기는 고기 망치

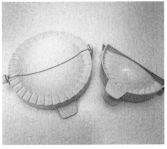

만두틀

엠빠나다와 같은 요리를 만들 때 피
가장자리를 닫기 위한 도구

튀김 믹서 또는 블렌더

재료를 곱게 갈아주고,
섞기 위해 사용

재료 써는 법

통썰기

둥근 재료의 단면을 원모양으로 원하는
두께로 써는 방법

채썰기

당근, 양배추 등의 야채를 가늘고
길게 써는 방법

반달썰기

감자, 양파, 아보카도 같은 재료를 길게
반으로 가른 뒤 원하는 두께로 써는 방법

막대썰기

재료를 손가락 정도 길이와 두께는
약간 두툼하게 써는 방법

다지기

가늘게 채 썬 재료를 한쪽 끝을
고정시키면서 잘게 써는 방법

깍둑썰기

일정한 크기와 두께의 사각형으로
써는 방법

어슷썰기

한 손으로 재료를 잡아 고정하고
다른 한 손으로 칼을 어슷하게 잡고
원하는 두께로 써는 방법

한 입 크기 썰기

써는 모양은 중요하지 않으나 한 입에
들어갈 정도의 적당한 크기로
써는 방법

자주 사용하는 식재료

또띠아 (Tortilla)
밀가루나 옥수숫가루를 이용해서 인도의
난처럼 납작하게 만든 빵의 종류이다.
대형마트에서 크기 별로 살 수 있으며 운이
좋으면 집 근처 마트에서도 구매가
가능하다.

치폴레(Chipotle)
아도보 소스에 치폴레를
훈제한 치폴레 캔 제품으로
일반 온라인 마켓에서
구입할 수 있다.

타힌 시즈닝 (Tajin Seasoning)
우리나라에서 구하기 어려운 시즈닝이지만
아마존 직구로 구입할 수 있는 양념가루이다.
멕시코에서는 과일, 아이스크림, 사탕에도
뿌려 먹는 마법의 가루이다.

나초 치즈 (Nacho Cheese Sauce)
녹인 체더 치즈로 나초에 찍어 먹는 치즈
소스이다. 마트에서 쉽게 구할 수 있으며
나초 외에도 타코, 케사디아 등 또띠아를
사용하는 요리에 곁들여 먹으면 좋다.

피클 (Pickle)
채소나 과일에 각종 향신료를 첨가하여 만든 서양식
초절임으로 장기간 보존할 수 있고, 언제든지 쓸 수
있기 때문에 서양에서는 여러 가지 종류의 피클을
만들어 저장하고 있는 가정이 많다.

선 드라이 토마토 (Sun Dry Tomato)
토마토를 잘라 햇볕에 말려 오일에
저장한 것으로 빵과 함께 먹기도 하고,
샐러드드레싱에도 사용 할 수 있다.
다방면으로 맛있게 쓰일 수 있는
재료이다.

토마토홀 (Whole Tomato)
토마토 하나가 통으로 들어가 있는 토마토소스이다. 시중에
판매되고 있는 조미가 되어 있는 토마토소스 보다는 토마토
본연의 맛을 가지고 있는 홀토마토 캔은 대형마트와 온라인
마켓에서 구할 수 있다.

야자수심지(Heart of Palm)
야자나무의 가장 부드러운 부분인 심지로
우리나라에서 구하기도 어렵고 직구도 쉽지
않은 편이지만 가끔 아이허브 닷컴에서 구할
수 있는 브라질의 요리 재료이다.

멕시코 라임 (Lime)
레몬과 라임은 향과 맛이 다르다. 더 진한 이국적인 맛을 원한다면
라임을 사용하는 것을 권한다. 대형마트에도 판매하고 있지만 온라인
마켓에도 냉동상태로 판매가 된다. 자주 사용하는 재료가 아니므로
냉동실에 넣어두고 필요할 때마다 꺼내 쓰는 것을 추천 한다.

고수 (Cilantro)
이탈리안 파슬리(Italian Parsley)
동남아 나라들과는 달리
남미는 고수보다는 주로 이탈리안 파슬리로
요리의 마무리를 하는 편이고, 약간의 사용으로
요리에 향긋한 느낌을 더할 수 있다. 대형마트에서
소량으로 판매하고 있다.

할라페뇨 (Jalapeño)
멕시코 고추로 매운맛이 강하고
육질이 두꺼우며 아삭아삭한 씹히는
맛이 있다. 시중 판매하는 절인
할라페뇨 제품을 많이 사용한다.

살사 베르데 (Salsa Verde)
녹색 토마토와 양파, 할라페뇨,
실란트로, 마늘 등으로 만들어진
소스로 상큼한 맛을 원할 때 사용하면
좋다. 토르티야 칩과 타코의 디핑 소스
또는 그릴에 구운 고기 및 생선요리와
같이 곁들여 먹는다.

코코넛 플레이크 (Coconut Flakes)
온라인 마켓에서 쉽게 구할 수 있는
코코넛 과육을 얇게 잘라 바삭하게
말린 제품이다.

살사 로하 (Salsa Roja)
토마토와 할라페뇨 페퍼가 포함된
살사멕시카나 재료들을 더 잘게 퓌레로
만든 소스이다. 토마토소스이긴 하나
할라페뇨의 살짝 매콤한 맛이 나며 가장
많이 판매되고 있는 소스 중 하나이다.

또르띠야 데 마이스 Tortilla de Maíz

옥수수 또띠아 만들기

우리가 알고 있는 뽀얀 밀 또띠아 보다는 멕시코 사람들은 질감이 조금 거칠지만 더욱 고소한 옥수수 또띠아 피를 이용해서 타코를 즐기는 편이다. 멕시코 음식점에서 밀 또띠아를 주문하지 않으면 당연히 옥수수 또띠아로 된 타코가 제공될 것이다. 밀가루로 만들어진 또띠아는 부드러운 식감과 옥수수 또띠아보다 질긴 편이라 잘 부서지지 않기 때문에 미국에서 인기를 얻게 되었다. 그러나 아직도 멕시코 사람들은 어머니가 투박하게 옥수숫가루를 가지고 툭툭 손으로 만든 홈메이드 또띠아를 좋아한다. 우리나라에서 타코용 옥수숫가루를 쉽게 구할 수 있는 건 아니지만 일반 옥수숫가루로 비슷한 맛과 질감을 낼 수 있다.

⏰ · 시간 : 15분
🧺 · 량 : 12장

재료 **타코용 옥수숫가루** 2컵,
따뜻한 물 1컵, **소금** 1꼬집

반죽에서 1숟가락 반
정도를 잘라 동그랗
게 만든다.

① 볼에 옥수숫가루와
소금 1꼬집을 넣고 섞
는다.

동그랗게 만든 반죽
을 손바닥으로 누른
다.

② 따뜻한 물 1컵을 넣고
가루와 물을 섞는다.

손바닥 크기정도로
넓힌다.

③ 반죽이 한 덩이가 되
도록 섞으면서 반죽
이 너무 퍽퍽하면 물
2숟가락 정도 더 넣는
다.

밀대로 원하는 크기
만큼 얇게 밀어준다.

④ 한 덩이가 된 반죽을
손으로 치대서 매끈
한 반죽이 되도록 만
든다.

약 불로 달군 팬에 약
60~90초씩 양쪽을
굽는다.

Salsas

COMIDA CASERA

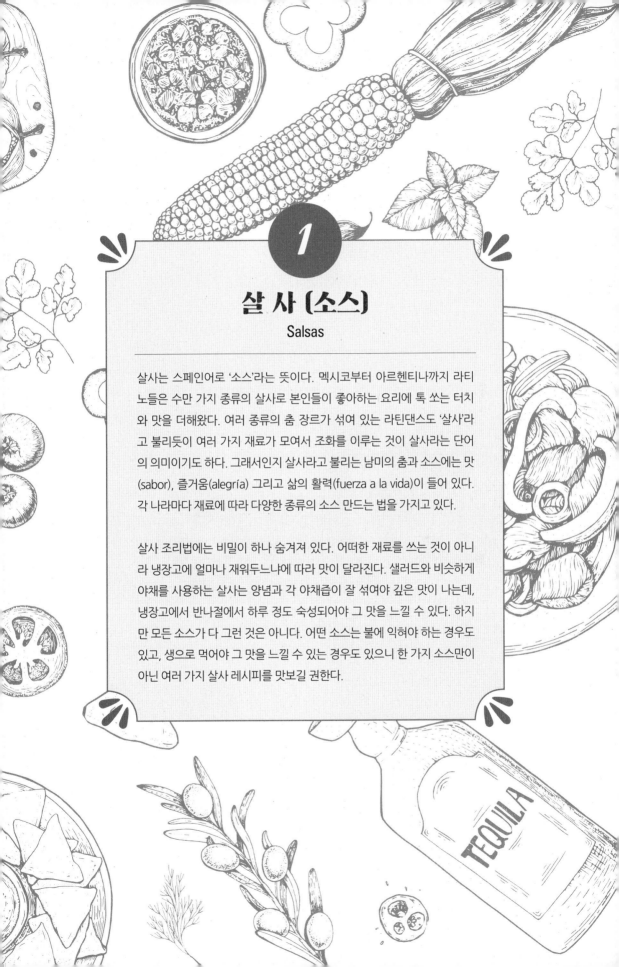

1

살 사 (소스)
Salsas

살사는 스페인어로 '소스'라는 뜻이다. 멕시코부터 아르헨티나까지 라티노들은 수만 가지 종류의 살사로 본인들이 좋아하는 요리에 톡 쏘는 터치와 맛을 더해왔다. 여러 종류의 춤 장르가 섞여 있는 라틴댄스도 '살사'라고 불리듯이 여러 가지 재료가 모여서 조화를 이루는 것이 살사라는 단어의 의미이기도 하다. 그래서인지 살사라고 불리는 남미의 춤과 소스에는 맛(sabor), 즐거움(alegría) 그리고 삶의 활력(fuerza a la vida)이 들어 있다. 각 나라마다 재료에 따라 다양한 종류의 소스 만드는 법을 가지고 있다.

살사 조리법에는 비밀이 하나 숨겨져 있다. 어떠한 재료를 쓰는 것이 아니라 냉장고에 얼마나 재워두느냐에 따라 맛이 달라진다. 샐러드와 비슷하게 야채를 사용하는 살사는 양념과 각 야채즙이 잘 섞여야 깊은 맛이 나는데, 냉장고에서 반나절에서 하루 정도 숙성되어야 그 맛을 느낄 수 있다. 하지만 모든 소스가 다 그런 것은 아니다. 어떤 소스는 불에 익혀야 하는 경우도 있고, 생으로 먹어야 그 맛을 느낄 수 있는 경우도 있으니 한 가지 소스만이 아닌 여러 가지 살사 레시피를 맛보길 권한다.

01 살사 멕시카나 Salsa Mexicana

야채 가득 토마토 소스

살사 멕시카나가 멕시칸 소스로 알려져 있지만, 남미 모든 나라가 이 샐러드 소스를 즐겨 먹는다고 해도 과언이 아니다. 같은 재료를 사용해서 만들지만 들어간 재료의 비율에 따라 완성된 맛은 약간씩 다르다. 아르헨티나, 페루, 우루과이는 '살사 크리오야'라고 부르며, 칠레에서는 '페브레'라는 이름으로 알려져 있고, 멕시코에서는 '피코 데 가요'라고 불린다. 살사 멕시카나는 물기가 있는 자작한 샐러드와 살사의 중간 정도 되는데 다양한 음식에 곁들여 먹기 때문에 소스의 역할을 한다. 특히 향긋하고 새콤 짭짤름한 맛이 소고기와 잘 어울려 타코 외에도 바비큐 요리와 함께 곁들여 먹는 편이다.

🕐 · 시간 : 10분
🍲 · 량 : 2인분

토마토 2개, **양파** 1개, **피망** 1개, **고수** 1단, **라임** 1개,
식용유 1T, **식초** 1T, **소금** 1t, **후추** 1t

 약간 매운 맛을 원한다면 취향에 따라 핫소스를 조금 넣어 섞어준다.

토마토, 양파, 피망을 깍둑썰기로(크기 0.5cm x 두께 0.5cm) 썰어준다.

라임은 즙이 잘 나오도록 손으로 짜주고, 식초, 식용유, 소금, 후추를 넣어 야채에 양념이 잘 배도록 섞어준다.

잘게 썬 야채를 한 볼에 담고 고수는 잎 부분만 손으로 뜯어 사용한다.

잘 섞인 재료들을 냉장고에서 30분간 숙성시키면 야채 즙이 생겨 맛이 풍부해진다.

02 살사 로하 Salsa Roja

매콤한 토마토 소스

멕시칸 소스를 대표하는 살사로하는 붉은 소스라는 뜻으로 토마토와 할라페뇨 페퍼 베이스 소스이다. 시중에 판매하는 브랜드마다 조금씩 다르지만 입맛에 맞는 매운 맛의 정도를 고를 수 있다. 타코, 나초, 고기나 소시지에 디핑 소스로 많이 활용된다.

03 살사 베르데 Salsa Verde

그린 토마토 소스

그린 타코 소스라고 불리는 살사 베르데는 녹색 토마토와 양파, 할라페뇨, 실란트로, 마늘 등으로 만들어진 소스이다. 살사 로하와 비슷하면서도 또 다른 매력을 가지고 있으며 멕시코 전통요리 타코나 엔칠라다에 많이 사용 된다.

04 치폴레 Chipotle

훈제 할라페뇨

치폴레는 훈제 된 할라페뇨로 멕시코 및 텍스멕스 요리에 많이 사용 되는 재료이며 강렬한 훈제 향과 매운 맛이 특징이다. 치폴레는 만드는 과정이 다소 복잡하고 시간이 걸리기 때문에 대부분 마트에서 판매하는 아도보 소스에 절인 치폴레 캔 제품으로 대체한다.

05 살사 크레모사 치폴레 Salsa Cremosa Chipotle

크리미한 치폴레 소스

치폴레는 할라페뇨라고 불리는 아주 매운 멕시칸 고추를 불에 구운 후 말린 것을 말한다. 고추를 불에 구워서 말린 것이기 때문에 치폴레는 스모키한 향과 함께 깊은 매운맛을 느낄 수 있다. 치폴레 소스는 스테이크나 치킨 등에 곁들이면 고기의 풍미를 살리고 느끼함을 잡아주는 마법의 소스이다. 이 치폴레를 아도보 소스에 절여 캔으로 판매 하는데 이것을 치폴레 아도보 소스라고 한다.

🕐 · 시간 : 2분 플레인요거트 1컵, 아도보 소스에 절인 치폴레 2개, 마늘 1개,
🧺 · 량 : 1컵   라임즙 1T, 소금 1꼬집

❶ 캔에 들어있는 치폴레 2개를 적당한 크기로 자른다.

❷ 플레인 요거트, 치폴레, 채 썬 마늘, 라임즙, 소금 등 모든 재료를 믹서에 넣고 잘 간다.

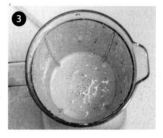

❸ 조금 더 크리미한 느낌의 소스를 원한다면 마요네즈를 조금 추가 한다.

아도보 소스: 멕시칸 할라페뇨 고추를 불에 구워 말린 치포(chipotle)과 토마토 소스를 주재료로 각종 양념, 허브, 식초 등을 넣어 맛을 낸 소스이다.

06 치미추리 Chimichurri

허브 오일 소스

아르헨티나, 칠레에서 스테이크와 함께 곁들여 먹는 오일 소스이다. 아르헨티나의 모든 아버지들은 본인만의 통 바비큐 굽는 비법을 가지고 있는 것 같다. 그리고 자신들이 만든 최고급 바비큐에 거의 아무것도 곁들이지 않고 소금으로만 간을 하는 편이다. 단, 치미추리 소스는 예외다. 바비큐와 특히 잘 어울리는 치미추리도 역시 나라마다 조금씩 다른 조리법이 있고, 여러 지역뿐만 아니라 각 아버지들마다 자기만의 비밀 레시피가 있을 정도이다.

🕐 · 시간 : 2분
🍲 · 량 : 1컵

올리브오일 1/2컵, **식초** 2T, **라임즙** 1T, **이탈리안 파슬리** 1/2컵(취향의 따라 고수 또는 오레가노 추가), **마늘** 2~4쪽, **소금** 1꼬집, **후추** 1꼬집, **레드페퍼**(페페론치노) 1꼬집

Tip 취향의 따라 이탈리안 파슬리는 고수로 대체해도 나쁘지 않으며, 오레가노 외에도 좋아하는 허브를 추가하여 나만의 치미추리 레시피를 만들어 보자.

❶ 깨끗하게 세척한 이탈리안 파슬리와 마늘을 잘게 다진다.

❸ 오일이 모든 재료에 잘 스며들도록 섞는다.

❷ 라임즙, 식초, 올리브오일, 소금, 후추, 레드페퍼 등 모든 재료를 넣는다.

❹ 스테이크에 곁들여 먹는다.

07 과카몰레 Guacamole

기본 과카몰레

크리미한 아보카도 소스

과카몰레는 타코에도 얹어 먹지만 나초 칩과도 매우 잘 어울리는 멕시칸 딥 소스이다. 멕시코 원주민인 아즈텍 족이 만들었다고 전해지는 이 소스는 영양소가 풍부하고 맛이 좋아 전 세계 적으로 사랑받고 있다. '그대는 나의 과카몰레 속 아보카도'라는 표현이 있을 정도로 과카몰레 를 만드는데 아보카도가 매우 중요한 역할을 한다. 잘 숙성된 아보카도를 고르는 것이 맛 성공 의 비결이다.

⏰ · 시간 : 15분
🧺 · 량 : 2인 기준

아보카도 1개, 방울토마토 6-7개, 양파 1/2개, 고수 1줌, 할라페뇨 1/3컵, 라임 1개, 소금 1꼬집, 후추 약간

 아보카도는 시간이 지나면 색이 금방 변하므로 재료들 을 손질 할 때 가장 나중에 하고, 바로 먹을 수 있는 양만 준비하는 것이 좋다.

 **①** 양파를 잘게(크기 0.5cm x 두께 0.5cm) 썰고 방울토마토는 먹기 좋은 크기로 잘 라준다.

 **③** 아보카도의 과육을 으깨준다. 으깬 아보 카도에 미리 준비한 다진 야채들을 넣고 고수는 잎 부분만 손 으로 뜯어 넣는다.

 **②** 할라페뇨는 잘게 썰 어 준다. 아보카도를 세로로 칼집을 넣고 비틀어 돌려 반으로 자르고 씨를 제거한 다.

 **④** 라임즙, 소금, 후추를 넣어 간을 맞추고 재 료들이 잘 섞이도록 버무린다.

과일, 해산물 과카몰레

'과카몰레' 또는 '과카몰리'라고도 불리는 아보카도 소스는 토마토, 양파, 아보카도와 같은 기본적인 재료들만 추가하여 먹기도 하지만 원하는 과일을 재료로 추가하여 상큼하게 먹기도 하고, 오징어와 칵테일 새우와 같은 해산물을 삶아 식힌 후 곁들이기도 한다. 가장 기본적인 재료를 이용한 소스를 많이들 찾지만 어울릴 법한 재료들을 추가하여 색다른 레시피를 만들어내기 좋은 샐러드식 소스이다.

과일 과카몰레

해산물 과카몰레

Ensaladas

COMIDA CASERA

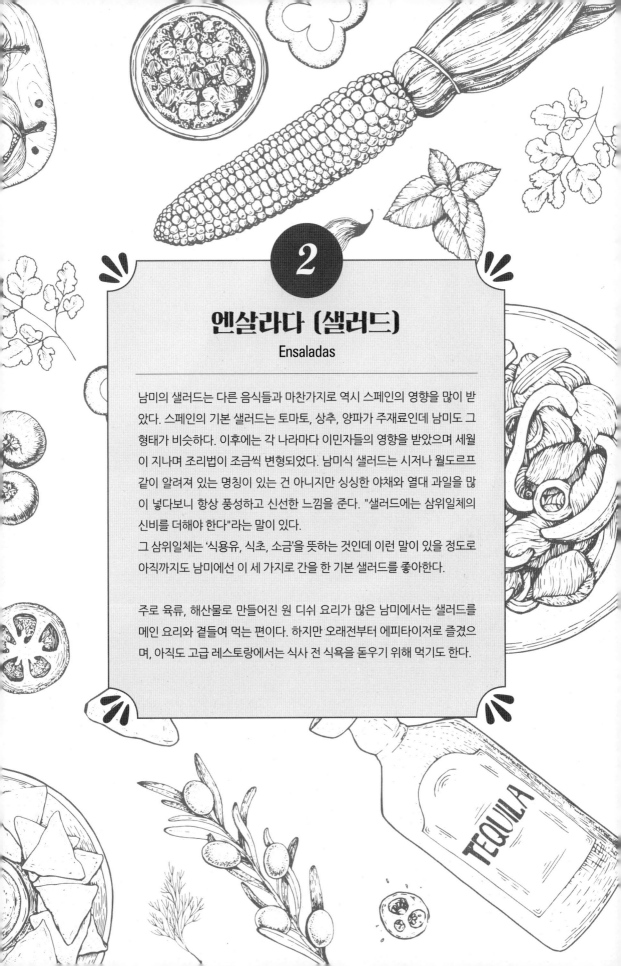

2

엔살라다 (샐러드)
Ensaladas

남미의 샐러드는 다른 음식들과 마찬가지로 역시 스페인의 영향을 많이 받았다. 스페인의 기본 샐러드는 토마토, 상추, 양파가 주재료인데 남미도 그 형태가 비슷하다. 이후에는 각 나라마다 이민자들의 영향을 받았으며 세월이 지나며 조리법이 조금씩 변형되었다. 남미식 샐러드는 시저나 월도르프 같이 알려져 있는 명칭이 있는 건 아니지만 싱싱한 야채와 열대 과일을 많이 넣다보니 항상 풍성하고 신선한 느낌을 준다. "샐러드에는 삼위일체의 신비를 더해야 한다"라는 말이 있다.

그 삼위일체는 '식용유, 식초, 소금'을 뜻하는 것인데 이런 말이 있을 정도로 아직까지도 남미에선 이 세 가지로 간을 한 기본 샐러드를 좋아한다.

주로 육류, 해산물로 만들어진 원 디쉬 요리가 많은 남미에서는 샐러드를 메인 요리와 곁들여 먹는 편이다. 하지만 오래전부터 에피타이저로 즐겼으며, 아직도 고급 레스토랑에서는 식사 전 식욕을 돋우기 위해 먹기도 한다.

01 엔살라다 Ensalada

기본 샐러드

남미는 육류 또는 해산물 요리가 많은 편이라 그런지 샐러드에 대한 사랑 역시 대단하다. 한국인의 밥상에 손이 가건 안 가건 김치가 올라오는 것처럼, 남미 식탁에도 엔살라다가 항상 올려 져 있다. 각종 나라의 샐러드 레시피를 가져와 남미식으로 바꿔서 즐길 정도로 샐러드를 즐긴다.

기본 엔살라다에 좋아하는 야채, 과일 등 다양한 재료를 추가하여 수 만 가지 방법으로 만들 수 있으나, 소금과 식초와 레몬으로 간을 한 기본 샐러드는 아직도 그중 최고로 꼽히고 있다.

🕐 · 시간 : 10분

🍲 · 량 : 2~3인분 (메인 메뉴와 곁들여 먹는 샐러드 량)

재료 **상추** 1단, **토마토** 1개, **양파** 1/2개,

소스재료 **라임** ½개, **식초** 2T, **식용유** 2T, **소금** 1꼬집, **올리브** 약간, **파슬리가루** 약간

❶ 양파를 깨끗이 씻은 후, 얇게 둥글고 납작하게 고리모양으로 썰어 찬물에 담가 아린 맛을 빼준다.

❸ 소스 재료를 잘 섞는다.

❷ 상추와 토마토를 먹기 좋은 크기로 자른다.

❹ 준비 된 야채를 접시에 담고 소스를 골고루 뿌려준다. 취향에 따라 올리브나 파슬리가루를 뿌려준다.

 취향에 따라 삶은 계란, 아보카도, 당근, 고수, 올리브 등을 곁들이기도 하고 닭 가슴살 또는 새우를 추가해도 좋다.

02 엔살라다 데 아보카도 Ensalada de Avocado

아보카도 샐러드

보통 샐러드는 다양한 재료를 넣어 복합적인 맛을 낸다면 새우 아보카도 샐러드는 새우의 맛에 집중할 수 있도록 가벼운 야채와 크리미한 아보카도만 사용하는 것이 좋다. 느끼한 맛을 잡기 위해 레몬, 소금, 후추로만 간을 한 신선하고 상큼한 느낌의 샐러드이다.

⏰ · 시간 : 15분

🍲 · 량 : 2~3인분 (메인 메뉴와 곁들여 먹는 샐러드 량)

재료 **토마토** 1/2개, **적양파** 1/2개, **아보카도** 1개, **옥수수** 1컵, **칵테일 새우** 1컵, **버터** 1T, **다진 마늘** 1t,

소스재료 **고수** 1줌, **소금** 1꼬집, **후추** 1꼬집, **레몬즙** 3T, **올리브오일** 3T

1. 칵테일 새우에 소금과 후추로 간을 한다. 달궈진 팬에 버터를 녹이고 새우와 다진 마늘을 넣고 약 2분 동안 불에 익힌다.

4 토마토, 적양파, 새우, 아보카도, 옥수수를 접시에 라인을 맞춰 담는다.

2 토마토, 적양파를 잘게 깍둑썰기로 썬다.

5 소스 재료를 잘 섞은 후, 모든 재료 위에 골고루 뿌려 간이 잘 배도록 한다.

3 아보카도는 반달썰기로 자른다.

 아보카도 반달썰기: 세로로 칼집을 넣어 비틀어 돌려 반으로 자르고 씨를 제거 한 후, 가로로 슬라이스 하여 잘라준다.

03 콥 샐러드 Ensalada Cobb

렌치드레싱 샐러드

남미에서도 즐기는 메뉴 중 하나이지만 콥 샐러드는 남미 샐러드가 아니다. 할리우드의 브라운 더비 레스토랑이 개발했는데 콥 샐러드의 주인공도 역시 아보카도다. 사람마다 또는 식당마다 콥 샐러드에 사용하는 재료가 다르다. 메뉴를 개발한 로버트 콥은 냉장고에 남아있는 재료를 가지고 처음 이 샐러드를 만들었다. 그러므로 각자 취향에 맞게 재료를 변경해도 되는 매력 있는 샐러드다.

🕐 · 시간 : 15분

🧺 · 량 : 2~3인분 (메인 메뉴와 곁들여 먹는 샐러드 량)

재료 **계란** 1개, **양파** ½개, **닭가슴살** 1조각, **토마토** 1개, **옥수수** ½컵, **아보카도** 1개, **올리브** ½컵,

소스재료 **플레인 요거트** 1개, **꿀** 2T, **마요네즈** 3T, **레몬즙** 2T, **소금** 1꼬집, **후추** 1꼬집, **파슬리 가루**

Tip 콥 샐러드의 오리지널 레시피 재료들은 양상추, 토마토, 구운 베이컨, 닭 가슴살, 삶은 계란, 아보카도, 쪽파, 로크포르 치즈, 블랙 올리브였다.

팬에 올리브유를 두르고 닭 가슴살을 노릇하게 굽고 한입 크기로 자른다. 또는 닭 가슴살을 끓는 물에 익혀서 사용한다.

토마토로 세로 중심 라인을 잡아준다.

달걀은 완숙으로 삶아 적당한 두께로 슬라이스 한다.

모든 재료를 세로로 라인을 맞춰 그릇에 담는다.

양파, 토마토, 아보카도를 깍둑썰기로 자른다.

소스 재료를 잘 섞은 후, 샐러드에 소스를 뿌리고 모든 재료들을 골고루 섞어 먹는다.

04 카우사 Causa

으깬 감자 샐러드

감자의 원산지는 페루이다. 그만큼 감자의 역사도 길지만 감자를 이용한 다양한 요리들이 존재한다는 뜻이기도 하다. 그 중 대표적인 에피타이저 감자 카우사의 역사도 만만치 않게 길다. 카우사는 콜럼버스가 아메리카 대륙을 발견하기 이전부터 있던 요리라고 한다. 지금과 형태는 조금 다르지만 감자를 으깨고 뭉쳐서 층을 만들어 다른 재료들과 함께 먹는 방법은 그때도 비슷했다.

🕐 • 시간 : 15분

🧺 • 량 : 2~3인분 (메인 메뉴와 곁들여 먹는 샐러드 량)

재료 **감자** 4~5개, **레몬** 1개, **식용유** 1T, **소금** 1t, **후추** 1꼬집, **계란** 1개, **아보카도** 1/2개, **참치캔** 1/2개, **적양배추** 1장, **마요네즈** 2T, **허니머스타드** 1T.

① 감자를 냄비에 삶은 뒤, 껍질을 벗겨서 퓌레(과일이나 채소를 으깨어 걸쭉하게 만드는 것)가 되도록 으깬 후 식힌다. 식은 퓨레에 레몬, 소금, 후추로 간을 하고 너무 질게 되었다면 식용유를 넣어 부드럽게 한다.

② 계란을 삶아서 잘게 으깨고 마요네즈, 허니 머스터드, 소금으로 간을 한다.

③ 적양배추는 채를 썰고, 캔 참치와 마요네즈를 넣어 함께 비벼 준다.

④ 플라스틱 일회용 컵 아래 부분을 잘라 틀로 사용한다. 감자를 틀에 담아 첫 층을 만든다.

⑤ 계란, 참치 등 취향에 맞게 감자 위 다음 층을 쌓는다. 아보카도는 둥그런 부분이 보이도록 반달썰기로 잘라서 원형 모양을 유지하며 쌓는다.

⑥ 재료를 층층으로 쌓아 준 뒤, 감자로 마지막 층을 올려 마무리한다.

⑦ 모양이 망가지지 않도록 조심하며 일회용 컵 틀을 들어 올린다. 방울토마토를 작게 썰어 토핑으로 데코해 준다.

05 엔살라다 루사 Ensalada Rusa

러시아 감자 샐러드

어릴 때부터 자연스럽게 접하던 감자 샐러드가 왜 러시아 샐러드라고 불리는지, 그 이유도 모르는 채 먹었던 것 같다. 실제로 많은 남미 나라에서 전통요리와 함께 즐기는 샐러드라 정말 러시아식인지 모르고 남미 샐러드인줄 아는 사람들이 많다. 우리 가 알고 있는 사라다와 비슷한 맛이다.

🕐 · 시간 : 45분

🍲 · 량 : 1~2인분 (메인 메뉴와 곁들여 먹는 샐러드 량)

| **재료** 감자 2개, 당근 1/2개, 완두콩 1/2컵, 참치 1/2캔
| **소스재료** 파슬리가루 약간, 라임 1개, 소금 1꼬집, 후추 1꼬집, 마요네즈 1/2컵

당근을 깍둑썰기로 미리 잘라 완두콩과 함께 냄비에 삶는다.

삶은 야채들과 참치 를 한 볼에 넣는다. 취 향에 따라 사과, 양파, 오이, 샐러리, 옥수수 등을 추가해도 좋다.

통으로 삶은 감자는 껍질을 벗긴 후 깍둑 썰기로 자르고 식힌 다.

준비된 소스 재료를 넣고, 모든 재료들과 골고루 잘 버무려 섞 어 먹는다.

Tacos

COMIDA CASERA

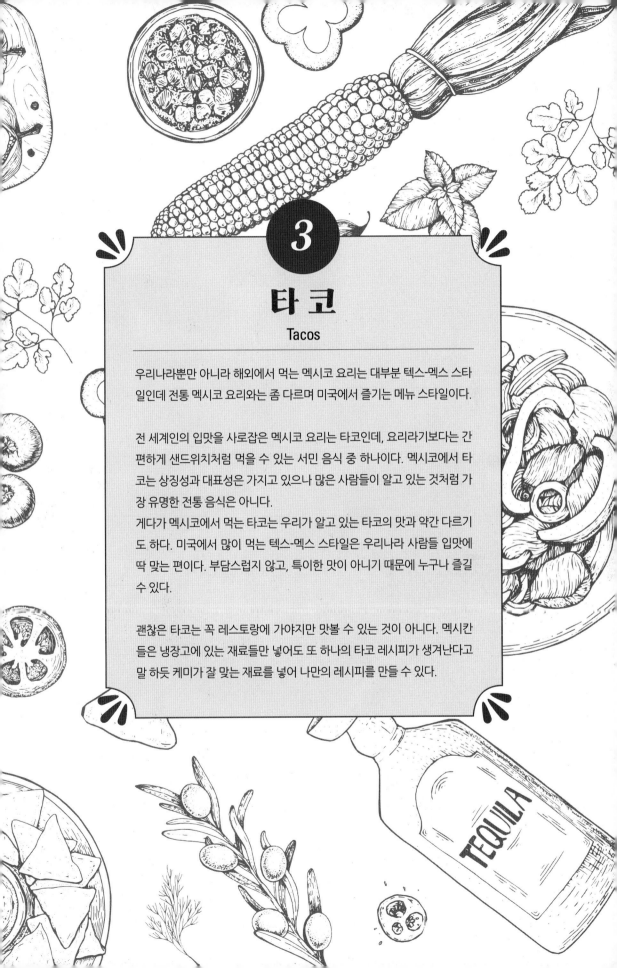

3

타 코

Tacos

우리나라뿐만 아니라 해외에서 먹는 멕시코 요리는 대부분 텍스-멕스 스타일인데 전통 멕시코 요리와는 좀 다르며 미국에서 즐기는 메뉴 스타일이다.

전 세계인의 입맛을 사로잡은 멕시코 요리는 타코인데, 요리라기보다는 간편하게 샌드위치처럼 먹을 수 있는 서민 음식 중 하나이다. 멕시코에서 타코는 상징성과 대표성은 가지고 있으나 많은 사람들이 알고 있는 것처럼 가장 유명한 전통 음식은 아니다.
게다가 멕시코에서 먹는 타코는 우리가 알고 있는 타코의 맛과 약간 다르기도 하다. 미국에서 많이 먹는 텍스-멕스 스타일은 우리나라 사람들 입맛에 딱 맞는 편이다. 부담스럽지 않고, 특이한 맛이 아니기 때문에 누구나 즐길 수 있다.

괜찮은 타코는 꼭 레스토랑에 가야지만 맛볼 수 있는 것이 아니다. 멕시칸들은 냉장고에 있는 재료들만 넣어도 또 하나의 타코 레시피가 생겨난다고 말 하듯 케미가 잘 맞는 재료를 넣어 나만의 레시피를 만들 수 있다.

다양한 또띠아 요리들

또띠아는 밀가루나 옥수숫가루를 이용해서 빈대떡 보다 납작하게
얇은 빵처럼 만든 음식으로 멕시코 사람들의 주식이다.
또띠아 속에 넣는 재료와 조리법에 따라 맛이 달라 부르는 이름도
다양하다. 또띠아를 활용한 다양한 요리들을 소개한다.

타코(Taco)

또띠아를 반으로 접고 그 사이에 소고기,
돼지고기, 닭고기나 채소, 치즈,
살사소스 등을 넣은 요리이다.

부리토(Burrito)

또띠아에 밥, 콩, 치즈, 상추, 아보카도,
고기 등을 얹어 네모난 원통 모양으로 만들어
구운 후 소스를 발라 먹는 요리다.

케사디야(Quesadilla)

또띠아 2장 사이에 치즈, 야채 등을 넣어서
구운 뒤 피자처럼 삼각형 모양으로 잘라서
먹는 요리이다.

엔칠라다(Enchilada)

옥수수 또띠아에 고기, 야채, 해산물,
치즈, 콩 등을 넣고 돌돌만 뒤 매운 고추 소스를
뿌려 먹는 음식이다.

파히타(Fajita)

구운 쇠고기나 닭고기 등을 야채와 함께
또띠아에 직접 싸서 먹는 멕시코 요리다.

01 타코스 데 까르네아사다 Tacos de Carne Asada

소고기 타코

월요병은 타코로 달래라는 말이 있다. 월요일에 먹는 타코가 더 맛있다는 것이 아니라, 맛있는 타코를 월요일에 먹으면 기분이 조금 나아진다는 뜻이다. 타코는 멕시코 사람들이 아무 때나, 어디서나 즐겨 먹는 대표적인 음식 중 하나이다. 간단하게 먹을 때도 선택하지만, 중요한 손님을 대접할 때도 역시 타코를 메뉴로 선택하기도 한다. 까르네아사다 타코 같은 경우엔 더욱 그렇다. 멕시코 현지인 집에 초대를 받은 적이 있었는데 숯불에 스테이크 고기를 익혀 또띠아에 여러 가지 재료들과 함께 먹었는데 그 맛이 참으로 근사했다. 타코는 우리나라에서 대중적인 음식이라고 하기는 어렵지만, 의외로 우리나라 사람들의 입맛에 잘 맞아서 많이들 찾는 음식 중 하나이다.

⏰ · 시간 : 45분

🍲 · 량 : 약 2인분

재료 **우등심** 200g, **살사멕시카나** 1컵, **과카몰리** 1컵, **토마토** 1/2개, **양파** 1/2개, **라임** 1개, **양배추 또는 양상추** 2장, **또띠야** 4장, **고수** 1줌, **소금** 1꼬집, **후추** 1꼬집, **타코시즈닝** 1t.

1 등심을 막대썰기로 길게 잘라 소금, 후추, 라임 반쪽으로 간을 하고 약 20분간 재워 둔다.

2 토마토, 양파, 피망, 아보카도와 같은 재료로 살사멕시카나와 과카몰리를 준비한다.

3 양배추와 양상추는 채로 썬다.

4 토마토와 양파는 반달썰기 썬다.

5 재워둔 등심은 팬에 기름을 두른 후 익히면서 취향에 따라 타코시즈닝을 추가한다.

6 또띠야를 전자레인지에 1분 또는 약 불로 달군 팬에 살짝 굽는다.

7 따뜻한 또띠아에 야채를 먼저 깔고 그 위에 등심을 올린다. 라임을 뿌린 후 또띠야를 반으로 접어 말아준다.

8 과카몰리, 살사 멕시카나, 크리미 치폴레 소스, 살사소스, 할라피뇨, 고수, 등을 곁들여 먹는다.

02 **타코스 데 뽀요** Tacos de Pollo

치킨 타코

멕시코에서 현지인들이 퇴근시간에 즐겨 먹는다고 소문난 타코 맛집을 찾아가 먹어본 타코는 우리가 알고 있는 모양과 좀 달랐다. 우선 또띠아부터 밀보다는 옥수수를 선호했고, 소프트타코의 모양이 아닌 옥수수 또띠아를 튀겨 각이 잡히고 바삭한 하드타코였다.

같은 타코 재료라도 밀 또띠아에 먹는 것과 옥수수 또띠아에 먹는 것은 또 다른 매력이 있다. 치킨타코는 타코의 주재료인 소고기나 돼지고기를 닭 가슴살로 대체한 것인데, 멕시코에서는 다이어트를 하는 여성들에게 인기가 좋다고 한다.

⏰ · 시간 : 30분

🍲 · 량 : 약 2인분

재료 **닭 가슴살** 1쪽, **살사멕시카나** 1컵, **과카몰리** 1컵, **토마토** 1/2개, **양파** 1/2개, **라임** 1/2개, **양배추 또는 양상추** 2장, **또띠야** 4장, **고수** 1줌, **소금** 1꼬집, **후추** 1꼬집, **타코시즈닝** 1t.

 닭 가슴살을 먼저 팬에 구워 살을 잘게 찢어서 먹기도 한다.
치킨타코는 원하는 치즈를 곁들여 먹으면 더욱 맛이 좋다.

 닭 가슴살을 막대썰기로 잘라 소금, 후추, 라임으로 간을 하고 약 20분간 재운다.

 또띠야를 전자레인지에 1분 또는 약 불로 달군 팬에 살짝 굽는다.

 토마토와 양파는 반달썰기로, 양배추와 양상추는 채로 썬다.

 따뜻한 또띠아에 야채와 닭고기를 올리고, 과카몰리, 살사 멕시카나, 크리미 치폴레 소스, 살사소스, 할라피뇨, 고수, 등을 곁들여 먹는다.

 팬에 기름을 두르고 닭 가슴살을 다진 마늘과 함께 익히면서 타코시즈닝을 추가한다.

 또띠야를 반으로 접어 살짝 말아 먹기 좋게 서빙한다.

03 타코스 데 카마로네스 Tacos de Camarones

새우 타코

이미 언급했지만 우리나라에 많이 알려진 타코는 텍스-멕스 스타일이다. 미국에서만 먹는 멕시코 음식인 텍스-멕스는 강한 맛이 특징이다. 멕시코와 텍사스 국경 사이에서 자연스럽게 두 문화가 섞이면서 생겨난 음식 문화가 다른 지역에도 영향을 주며 조금씩 퍼져 나갔다고 한다.

바비큐 소스를 타코 재료에 사용하는 것과 새우를 주재료로 사용하는 것 역시 텍스-멕스 스타일 중 하나이다. 멕시칸요리 맛집인 바토스의 대표 메뉴 중 하나가 쉬림프 타코이다.

⏰ · 시간 : 30분

🍲 · 량 : 약 2인분

재료 새우 10마리, **토마토** 1/2개, **양파** 1/2개, **양배추** 2장, **라임** 1/2개, **사워크림** 1컵, **살사멕시카나** 1컵, **또띠야** 4장, **고수** 1줌, **설탕** 1꼬집, **소금** 1꼬집, **후추** 1꼬집

 Tip 새우는 칵테일 새우를 사용하거나, 새우튀김으로 대체해도 또 다른 맛의 매력을 느낄 수 있다.

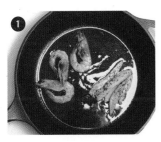

① 새우는 머리, 껍질을 제거하여 손질해 소금, 후추, 라임으로 간을 하고 약 10분간 재운다. 팬에 기름을 두르고 새우 앞뒤를 바삭하게 굽는다.

④ 또띠야를 전자레인지에 1분 또는 약 불로 달군 팬에 살짝 굽는다.

② 토마토, 양파, 피망, 아보카도와 같은 재료로 살사멕시카나를 준비한다.

⑤ 따뜻한 또띠아에 야채와 새우를 올린 후 살사멕시카나, 살사소스와 사워크림으로 토핑한다.

③ 토마토와 양파는 반달썰기로, 양배추는 채로 썰고 식초, 소금, 설탕, 레몬으로 간을 한다.

⑥ 또띠야를 반으로 접어 살짝 말아준다.

04 타코스 데 페스카도 Tacos de Pescado

생선 타코

멕시코에는 '타코의 날', '타코 지도'가 있을 정도로 각 주마다 다양한 타코 레시피가 존재한다. 우리나라로 비교하자면 김밥과 약간 비슷한 면이 있는 것 같다. 타코의 유래에 대해 정확하게 밝혀진 것은 없지만 몇 백 년 전부터 어머니들이 종일 밖에서 일 하는 아버지들을 위해 도시락을 쌀 때 다양한 재료를 또띠아에 말아 보관했다고 한다. 그때부터 지금까지 타코 사랑은 이어지 고 있다.

⏰ • 시간 : 45분

🍲 • 량 : 약 2인분

재료 **흰살 생선** 반마리, **튀김가루** 1컵, **맥주** 1/3컵, **방울토마토** 8개, **양파** 1/2개, **양상추** 2장, **라임** 1/2개, **또띠야** 4장, **고수** 1줌, **소금** 1꼬집, **후추** 1꼬집, **설탕** 1꼬집

① 흰살 생선을 막대썰기로 길고, 먹기 좋은 크기로 자른다. 튀김가루에 소금 후추로 간을 한 후 맥주를 넣어 걸쭉한 반죽을 만든다.

④ 또띠야를 전자레인지에 1분 또는 약 불로 달군 팬에 살짝 굽는다.

② 생선 조각에 반죽을 충분히 발라 달궈진 기름에 튀긴다.

⑤ 따뜻한 또띠아에 재료를 올리고 라임을 뿌리고 방울토마토를 반으로 잘라 올려준다. 또띠야를 반으로 접어 말아준다.

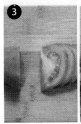

③ 토마토와 양파는 반달썰기로, 양배추는 채로 썰고 식초, 소금, 설탕, 레몬으로 간을 한다.

⑥ 또띠야를 반으로 접어 말아준다. 과카몰리, 살사 멕시카나, 크리미 치폴레 소스, 살사소스, 할라피뇨, 고수 등을 곁들여 먹는다.

05 파히타 Fajita

소고기 | 치킨 파히타

파히타는 쇠고기나 닭고기를 야채와 함께 팬에 볶아서 또띠아에 싸서 먹는 텍스-멕스 요리이다. 원래는 쇠고기의 안창살을 이용하여 스테이크로 구운 다음 길게 썰어 넣어 먹었으나 요즘에는 닭고기, 새우, 채소 등을 싸서 먹는다. 양파와 파프리카를 같이 넣어 볶는 게 일반적이며, 사워크림, 살사멕시카나, 치즈, 살사 로하라고 불리는 토마토소스 등을 곁들여 먹는다.

🕐 · 시간 : 30분

🍲 · 량 : 약 2인분

재료 **닭고기** 1쪽, **소고기** 100g, **양파** 1개, **피망** 1개, **파프리카** 1개, **또띠야** 6장, **소금** 1t, **후추** 1t, **라임** 1개, **타코시즈닝** 1t, **살사멕시카나** 1컵, **살사소스** 1컵, **아보카도** 1컵

Tip 타코시즈닝은 온라인 상에서 아즈테카나 치치스와 같은 브랜드로 쉽게 찾을 수 있다. 하지만 여러 재료들이 섞여서 향이 다소 강할 수 있는 향신료이니 취향에 맞지 않을 경우 소금과 후추로 간을 하면 좋다.

닭고기와 소고기를 막대썰기로 세로로 길게 썰고 타코시즈닝으로 간을 한다.

양파는 반달썰기로 피망, 파프리카는 막대 썰기로 썰어 소금, 후추, 레몬으로 간을 한다.

달궈진 팬에 기름을 두른 후 타코시즈닝 가루 1t나 소금, 후추 1꼬집씩으로 간을 해가며 야채를 촉촉하게 볶는다.

고기를 팬에 잘 익힌다. 그리고 또띠아는 전자레인지에 1분 동안 가열하고 거즈 수건으로 열기가 빠지지 않게 덮어둔다.

고기와 야채들이 든 팬과 또띠아를 서빙하여 취향에 맞게 재료를 넣고 싸서 먹는다.

과카몰리, 살사 멕시카나, 살사소스, 샤워크림, 살사로하, 치즈 등을 취향에 맞게 곁들여 먹는다.

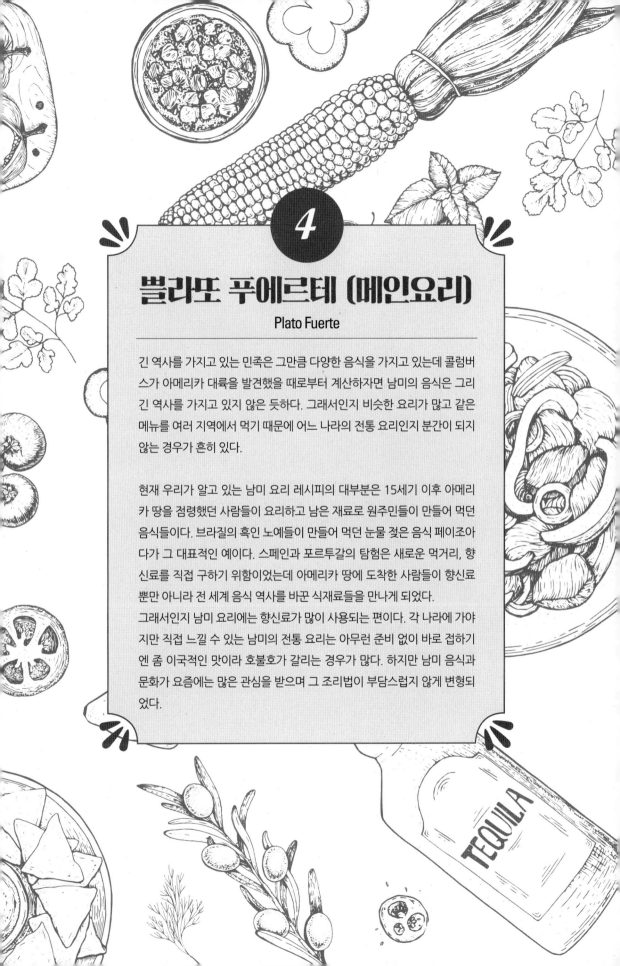

4

쁠라또 푸에르테 (메인요리)

Plato Fuerte

긴 역사를 가지고 있는 민족은 그만큼 다양한 음식을 가지고 있는데 콜럼버스가 아메리카 대륙을 발견했을 때로부터 계산하자면 남미의 음식은 그리 긴 역사를 가지고 있지 않은 듯하다. 그래서인지 비슷한 요리가 많고 같은 메뉴를 여러 지역에서 먹기 때문에 어느 나라의 전통 요리인지 분간이 되지 않는 경우가 흔히 있다.

현재 우리가 알고 있는 남미 요리 레시피의 대부분은 15세기 이후 아메리카 땅을 점령했던 사람들이 요리하고 남은 재료로 원주민들이 만들어 먹던 음식들이다. 브라질의 흑인 노예들이 만들어 먹던 눈물 젖은 음식 페이조아다가 그 대표적인 예이다. 스페인과 포르투갈의 탐험은 새로운 먹거리, 향신료를 직접 구하기 위함이었는데 아메리카 땅에 도착한 사람들이 향신료뿐만 아니라 전 세계 음식 역사를 바꾼 식재료들을 만나게 되었다.
그래서인지 남미 요리에는 향신료가 많이 사용되는 편이다. 각 나라에 가야지만 직접 느낄 수 있는 남미의 전통 요리는 아무런 준비 없이 바로 접하기엔 좀 이국적인 맛이라 호불호가 갈리는 경우가 많다. 하지만 남미 음식과 문화가 요즘에는 많은 관심을 받으며 그 조리법이 부담스럽지 않게 변형되었다.

01 밀라네사 데 까르네 Milanesa de Carne

비프 커틀릿

밀라네사는 유럽과 남미에서 즐겨먹는 비프 커틀릿 요리이다. 비슷한 음식으로는 이탈리아의 코톨레타 알라 밀라나제, 독일과 오스트리아의 슈니첼, 프랑스의 에스칼로프가 있다. 유래에 대해 정확한 정보는 없으나 전문가들은 이탈리아 북부 지방에서 유래했다고 기원을 추측한다.

커틀릿 모양은 돈가스를 연상시키지만 소스는 없고 소금과 레몬으로만 간을 하기 때문에 돈가스와 맛은 다르다. 소고기뿐만 아니라 돼지고기, 닭고기, 생선 혹은 그 외 다른 재료를 이용해 만들기도 한다. 밀라네사를 납작한 그릇에 가득 담아 조각조각 잘라 먹는 재미도 있지만, 남미에서는 간편하게 밀라네사를 빵에 끼워 샌드위치 형식으로도 즐겨 먹는다.

🕐 · 시간 : 40분

🍲 · 량 : 약 2인분

재료 **우등심** 300gr, **계란** 2개, **다진 마늘** 1/2T, **소금** 1t, **밀가루** 2컵kg, **튀김가루** 2컵kg, **식용유** 300ml, **라임** 1개

얇고 납작하게 자른 우등심을 미트해머로 다진다. 소금, 후추, 라임으로 간을 한다.

계란물을 묻히고 그 위에 빵가루 다시 묻혀준다.

볼에 계란, 다진 마늘, 소금 1꼬집을 넣고 계란물을 만든다.

달궈진 팬에 튀김옷을 입힌 고기가 잠길 정도로 식용유를 붓고 170도에서 약 2~3분 앞뒤가 노란색을 띌 때까지 튀긴다.

소고기가 전부 덮일 정도로 빵가루를 묻힌다.

02 밀라네사 나폴리타나 Milanesa Napolitana

나폴리탄 비프 커틀릿

부에노스 아이레스에서 조리법이 만들어진 밀라네사 나폴리타나는 밀라네사 위에 혹은 튀김 옷 안에 토마토소스와 햄, 치즈를 얹어서 조리한 음식이다. 이러한 이름을 얻게 된 것은 나폴리 지역과 연관이 있어서는 아니고 아르헨티나의 '나폴리 레스토랑'에서 처음 선보였기 때문이라고 전해진다. 밀라네사 나폴리타나는 우까스와 피자가 만난 듯한 맛을 내는 색다른 레시피이며 남미 아이들이 가장 좋아하는 메뉴 중의 하나이다.

🕐 · 시간 : 40분

🍲 · 량 : 약 1인분

재료 **우등심** 300gr, **계란** 2개, **다진 마늘** 1/2T, **소금** 1t, **밀가루** 2컵kg, **튀김가루** 2컵kg, **식용유** 300ml, **라임** 1개, **슬라이스 햄** 2장, **치즈** 2장, **토마토 스파게티 소스** 2T, **파슬리가루**, **모차렐라 치즈** 1T

❶ 얇고 납작하게 자른 우등심을 미트해머로 다진다. 소금, 후추, 라임으로 간을 한다.

❹ 계란물을 묻히고 그 위에 빵가루 다시 묻혀준다.

❷ 볼에 계란, 다진 마늘, 소금 1꼬집을 넣고 계란물을 만든다.

❺ 달궈진 팬에 튀김옷을 입힌 고기가 잠길 정도로 식용유를 붓고 170도에서 약 2~3분 앞뒤가 노란색을 띌 때까지 튀긴다.

❸ 소고기가 전부 덮일 정도로 빵가루를 묻힌다.

❻ 5번까지 완성된 밀라네사 위에 햄, 치즈, 토마토소스, 모차렐라 치즈 순으로 올린다. 180℃로 예열 된 오븐에 넣고 5분 정도 굽는다.

03 비페 알 라 플란차 Bife a la Plancha

비프 스테이크

소고기의 연한 부분에 소금과 후추를 뿌려 구운 후 양파와 함께 곁들여 먹는 아르헨티나식 스테이크이다. 소금과 후추만으로도 간을 하지만 다진 마늘과 라임을 뿌려 맛을 더 하기도 한다. 고기의 두께가 두꺼운 경우에는 굽기를 미디엄으로 고기 중심이 불그레하게 먹는 편이고, 두께가 얇을 경우 웰던(well done)으로 중심까지 충분히 익혀 먹는다.

🕐 · 시간 : 20분

🧺 · 량 : 약 2인분

재료 **스테이크용 우안심** 2조각, **양파**1개, **버터** 1T, **치미추리소스** 1/2컵, **라임** 1/2개, **소금** 1꼬집, **후추** 1꼬집, **취향에 따라 다진 마늘** 1T

Tip 고기를 재워둘 때 다진 마늘을 추가하면 기존 스테이크와 약간 다른 매력적인 맛을 더할 수 있다.

① 우안심에 소금, 후추로 간을 하고 라임을 뿌려 간이 배도록 잠시 재워둔다.

④ 그릇에 양파와 스테이크를 담아내고 스테이크 위에 치미추리 소스를 뿌려 먹는다.

② 양파를 반달썰기로 적당한 두께로 자른다. 팬에 식용유를 두르고 양파가 투명해질 때까지 볶는다.

⑤ 먹기 좋은 크기로 잘라 서빙해도 좋다.

③ 팬에 버터를 녹인 후 안심을 올려 중불에 3분, 뒤집어서 3분 정도 양면을 익힌다.

04 비페 알 라 크리오야 Bife a la Criolla

소고기 스튜

아르헨티나 음식인 크리올 스테이크는 냄비 하나로 쉽게 조리가 가능한 고기스튜 요리이다. 모든 재료를 한꺼번에 냄비에 넣지만 여러 가지 재료의 조화가 아주 잘 어우러져 그 맛이 매우 풍부하다. 부드럽고 촉촉한 크리올 스테이크가 되려면 모든 재료가 동일하게 잘 익어야 한다. 그러므로 각각의 재료를 비슷한 사이즈로 손질하는 것과 냄비에 재료를 담을 때 각 층의 차례가 중요하다.

⏰ · 시간 : 30분

🍲 · 량 : 약 2인분

> 재료 **우등심** 2조각, **감자** 1개, **양파** 1개, **붉은 파프리카** 1개, **토마토** 2개, **마늘** 1알, **식용유** 2T,
> **소금** 1t, **후추** 1t, **물** 1컵

① 등심 조각은 소금과 후추 1꼬집 씩으로 간을 하고, 식용유를 두른 냄비에 제일 먼저 깐다.

② 양파와 감자 파프리카와 토마토는 통썰기로 원 모양으로 원하는 두께로 썬다.

③ 썬 양파와 토마토를 고기 위에 올린다.

④ 그 위에 감자, 파프리카 순으로 층을 쌓는다. 남은 소금과 후추로 간을 하고 식용유 1T와 편으로 썬 마늘을 올린다.

⑤ 층층이 쌓인 재료위에 물을 붓는다.

⑥ 강 불로 약 10분간 감자가 익을 때까지 끓인다.

05 아사도 Asado

통구이 소고기 바비큐

쇠고기에 소금을 뿌려 숯불에 구운 아르헨티나의 전통요리이다. 아르헨티나, 우루과이 그리고 브라질 남부 쪽에 살던 원주민, 가우초 족은 목축에 능숙한 유목 기수였다고 한다. 아사도(asado)는 그들이 즐겨 먹던 요리에서 유래하여 전통음식이 되었다. 숯불에 쇠고기 중에서도 특히 갈비뼈 부위를 통째로 굽는데 약한 숯불로 몇 시간을 구워 겉은 바싹하고 속은 아주 촉촉하고 부드럽게 익혀 먹는다. 다른 양념은 하지 않고 굵은 소금만 뿌려서 간을 맞추고 치미추리 소스와 함께 먹는다. 남미에서는 주말 축구 경기를 기다리며, 또는 집안에 경사가 있을 때 온 가족이 모여 함께 준비해서 먹는 삶속에 깊숙이 자리 잡고 있는 메뉴 중 하나이다. 원래 아사도는 숯불에 굽지만 오븐에 구워도 비슷한 맛을 낼 수 있어서 간편하게 오븐을 활용하기도 한다.

🕐 · 시간 : 1시간 30분

🍲 · 량 : 약 2인분

> 재료 소고기 **통갈비** 1kg, **굵은소금** 2T

Tip 굵은 소금 외에도 식초 또는 라임으로 간을 하기도 한다.

① 뼈가 통째로 붙어 있는 통갈비 덩어리를 가로로 약 5cm씩 정육점에서 잘라 온다.

④ 260℃로 예열 된 오븐에 넣고 45분 정도 굽다가 165℃로 낮춰 10분 더 굽는다.

② 깨끗하게 세척한 후 굵은 소금을 충분히 주변에 묻혀 간을 한다.

⑤ 원하는 굽기로 익힌 고기는 기름기가 빠지며 속이 부드러워진다. 치미추리 소스와 함께 서빙한다.

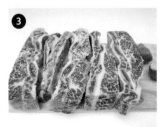
③ 간이 스며들도록 약 30분 재운 후 오븐 팬에 옮긴다.

06 타야린 Tallarín

남미식 토마토 스파게티

이탈리아 이민자들이 페루로 오면서 스파게티 조리법을 전수했다고 한다. 남미식 스파게티인 타야린은 볼로냐 스파게티에서 변형된 것이다. 페루 사람들이 고기를 좋아해서 고기 덩어리를 추가하면서 레시피가 페루식으로 조금 바뀌었다고 한다. 타야린도 나라마다 사람마다 조리법이 약간씩 다른데, 오랫동안 우리 가족과 함께한 도우미 이모가 우리를 위해 만들어 주시던 그 레시피를 소개한다.

⏰ · 시간 : 40분
🍲 · 량 : 약 2인분

재료 **타야린 스파게티면** 2인분, **양파** 1개, **피망** 1개, **감자** 1개, **토마토** 1개, **다진 마늘** 1T,
식용유 2T, **홀토마토** 1컵, **등심** 100gr, **월계수 잎** 1개, **소금** 1t

① 고기와 감자는 먹기 좋게 한 입 크기로 자른다. 토마토, 양파, 피망도 적당한 크기로 자른다.

④ 볶은 토마토소스에 간 야채를 붓고 소스와 잘 섞는다. 감자와 고기도 추가하여 저어가며 감자가 익을 때까지 볶는다.

② 토마토, 양파, 피망을 믹서에 넣고 걸쭉하게 간다.

⑤ 냄비에 물을 올리고 타야린 스파게티 면을 약 10분 삶는다.

③ 냄비에 식용유를 두르고 다진 마늘과 토마토 홀소스를 중불에 보글보글 끓을 때까지 볶는다.

⑥ 타야린 면을 물에서 건져내서 미리 만들어둔 소스에 충분히 버무려 먹는다.

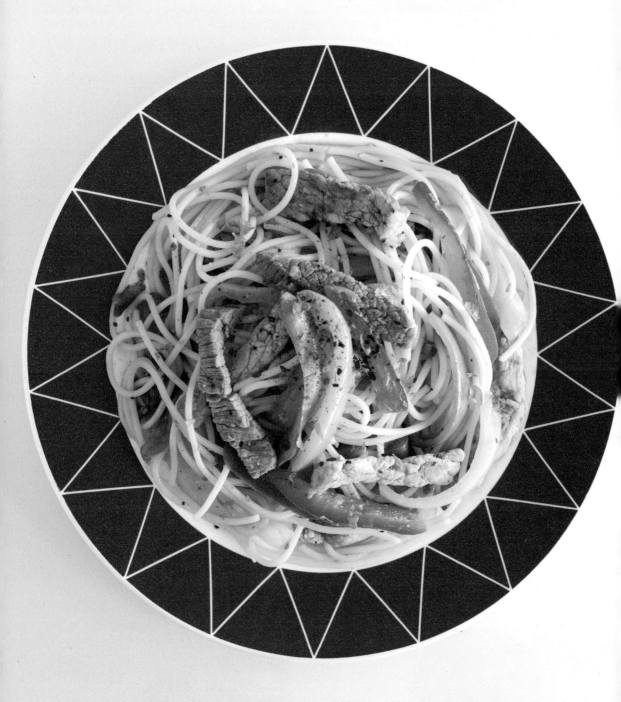

07 타야린 살타도 Tallarín Saltado

소고기 볶음 국수

타야린 살타도는 로모 살타도의 흰쌀밥 대신 스파게티 면을 넣어 먹는 볶음 면이다. 로모 살타도는 페루 가정식으로 인정하고 있지만 타야린 같은 경우에는 중국식으로 분류되어 중국 식당에도 있는 메뉴이다.

🕐 · 시간 : 40분

🍲 · 량 : 약 2인분

재료 **등심** 300gr, **스파게티면** 2인분, **양파** 1개, **토마토** 2개, **피망** 1개, **감자** 1개, **레몬** 1개, **마늘** 2알, **간장** 2T, **식초** 1T, **소금** 1t, **후추** 1t. (취향에 따라 파슬리 또는 고수 조금)

Tip 소고기뿐만 아니라 닭고기를 추가하면 조금 더 다양한 식감과 풍부한 맛을 느낄 수 있다.

① 양파, 피망을 막대 썰기로 썰고, 토마토는 한 입 크기로 썰어준다.

④ 같은 팬에 양파, 토마토, 피망을 넣고 간장과 레몬을 넣어 다시 볶아 준다.

② 소고기를 막대 썰기로 길게 썬 후 소금, 후추, 식초로 간을 한다.

⑤ 냄비에 물을 올리고 스파게티 면을 약 8분 삶은 후 물에서 건져 낸다.

③ 팬에 기름을 두르고 으깬 마늘과 함께 소고기를 익힌다.

⑥ 미리 볶아둔 재료들과 함께 잘 버무려 마무리 한다. 파슬리나 고수를 취향에 따라 뿌려준다.

08 로모 살타도 Lomo Saltado

소고기 야채 볶음

이 음식은 간단하게 말하면 소고기 야채 볶음이다. 페루의 대표 가정식이지만 중국 이민자들이 만든 메뉴이기 때문에 상상이 안 되는 맛은 아니다. 재료도 우리가 흔히 사용하는 것들이다. 익숙한 간장을 사용해서 우리 입맛에 잘 맞고 라임으로 마무리를 하기 때문에 이색적이고 트로피컬한 맛도 섞여 있다. 완성된 로모 살타도는 감자튀김과 흰쌀밥을 곁들여 먹기 때문에 우리에게는 익숙하지만 재미있는 맛처럼 다가올 수 있다.

🕐 · 시간 : 40분

🍲 · 량 : 약 2인분

재료 **등심** 300gr, **밥** 2공기, **양파** 1개, **토마토** 2개, **피망** 1개, **감자** 1개, **레몬** 1개, **마늘** 2알, **간장** 2T, **식초** 1T, **소금** 1t, **후추** 1t. (취향에 따라 파슬리 또는 고수 조금)

Tip 밥에 비벼먹을 수 있을 정도의 국물이 있어야 하므로 야채에서 수분이 충분히 나오지 않으면 고기와 야채를 볶을 때 물을 조금 추가한다.

1 소고기를 먹기 좋은 사이즈(세로 3cm x 두께 1cm)로 썰어서 소금, 후추, 식초로 간을 한다.

4 같은 프라이팬에 토마토, 피망, 간장을 넣고 레몬은 즙으로 짜 넣고 함께 볶는다.

2 양파, 토마토, 피망을 막대썰기로 자른다.

5 흰 쌀밥과 굵게 썰어서 튀긴 감자튀김을 따로 준비한다.

3 프라이팬에 기름을 살짝 두르고 으깬 마늘과 함께 소고기를 익힌다. 양파도 넣어 같이 볶아준다.

6 넓은 접시에 쌀밥을 덜고 위에 로모 살타도를 담는다. 감자튀김은 따로 올려도 좋지만 같이 비벼 먹어도 좋다.

09 빠에야 Paella

스페인 해산물 요리

빠에야는 스페인의 전통 쌀요리이다. 아랍문명의 지배를 받던 중세시대에 쌀이 처음 스페인에 유입되면서 스페인 사람들은 쌀을 먹기 시작했고 이후에 쌀은 스페인 식민지였던 남미까지 여행을 하게 된다. 스페인의 음식과 문화를 많이 받아들인 남미에서는 빠에야가 다른 메뉴로 변형되기도 했다. 빠에야는 원래 점심에 먹는 음식으로 특히 일요일 점심에 가족들이 둘러앉아 함께 먹는 편이다. 빠에야는 밑이 넓고 깊이가 깊지 않은 팬에서 만드는데 쌀에 육류, 고기나 해산물 등을 넣어 볶다가 재료가 익을 때까지 푹 끓이면 완성된다. 빠에야가 매혹적인 노란색을 띠도록 사프란을 사용한다.

⏰ · 시간 : 1시간
🍲 · 량 : 약 2인분

재료 **닭 가슴살** 1개, **돼지고기** 100gr, **해물모듬**(새우, 오징어, 조개 등) 1컵, **쌀 또는 안남미** 1 1/2컵, **양파** 1개, **토마토** 1개, **파프리카** 1/2개, **다진마늘** 1T, **치킨스톡 큐브** 1개, **레몬** 2개, **이탈리안 파슬리** 1줌, **사프란** 약간, **완두콩** 2T, **올리브오일** 2T, **소금** 1t, **후추** 1t. **토마토 홀소스** 1통

Tip 향신료의 여왕이라고 불리는 사프란을 물에 풀면 노란색이 되는데 이 물을 소스에 섞어서 사용하면 음식에 노란 빛을 더하고 은은한 향을 내며 요리의 맛을 한층 더 높여준다.

① 쌀은 깨끗하게 씻은 후 물에 약 30분 불린다.

⑤ 새우를 제외 한 해물모듬과 토마토 홀소스를 넣는다.

② 닭 가슴살, 돼지고기, 양파, 토마토를 먹기 좋은 크기로 깍둑썰기 한다. 파프리카는 막대썰기로 길게 자른다.

⑥ 불린 쌀을 넣고 재료가 다 덮일 정도로 물을 부은 후 치킨스톡 큐브와 사프란도 넣는다.

③ 빠에야팬에 식용유를 두르고 닭 가슴살과 돼지고기를 중불에 5~10분 익힌다. 고기가 익기 시작하면 양파도 같이 넣어 볶아준다.

⑦ 새우와 완두콩을 올리고 약~중불에 18분 정도 익힌다.

④ 파프리카, 토마토를 추가하고 소금과 후추로 간을 하고 5분 더 볶는다.

⑧ 쌀을 팬에 얇게 펴서 바닥은 눌어붙게 하고 위는 질척하지 않게 조리한다.

10 세비체 Ceviche

페루 해산물 요리

세비체는 페루 국민 요리이다. 가장 세비체를 잘 만드는 사람을 뽑는 내용을 텔레비전 프로그램으로 반영 할 정도로 페루 사람들의 세비체 사랑은 상상을 초월한다. 생선회나 오징어, 새우 등을 라임즙에 재운 후 채소와 함께 차갑게 먹는 음식이다. 세비체는 페루를 비롯한 바다가 있는 중남미 지역의 대표적인 음식이다. 새콤한 맛이 입맛을 돋게 해 식전 에피타이저로나 술안주 또는 해장 음식으로도 좋다. 세비체는 페루에서 많이 생산되는 감자, 고구마, 옥수수와 곁들여 먹는다.

⏰ • 시간 : 40분

🍲 • 량 : 약 2인분

> 재료 **원하는 생선 횟감** 200g, **깐 새우** 10알, **다진 마늘** 1T, **붉은 파프리카** 1/2개, **적양파** 1개,
> **라임** 1개, **고구마** 1개, **고수** 20g, **소금** 1t, **식초** 2T.

❶ 적양파와 파프리카를 반달썰기로 원하는 두께로 썬다.

❹ 고구마도 삶은 후 식혀서 껍질을 제거하고 통썰기로 자른다.

❷ 생선 횟감은 깍둑썰기로 썰고, 새우는 삶아 식힌 후 라임즙에 20분간 재운다.

❺ 그릇에 세비체를 담고 옆에 고구마를 곁들여 먹는다.

❸ 재워 둔 생선과 새우에 적양파, 파프리카, 다진 마늘, 다진 고수, 소금 식초를 넣고 라임즙과 함께 다시 잘 섞는다.

11 세비체 데 페스카도
Ceviche de Pescado

흰 살 생선 세비체

12 세비체 데 까마로네스
Ceviche de Camarones

새우 세비체

13 세비체 데 칼라미르
Ceviche de Calamares

오징어 세비체

페루의 세비체는 주재료가 해산물과 채소인데 재료와 소스를 다양하게 구성해서 여러 종류의 요리를 만들어 낼 수 있다. 흰 살 생선회를 넣어 만든 세비체 데 페스카도가 기본 세비체이며, 새우를 넣어 만든 세비체 데 까마로네스 그리고 오징어를 넣은 세비체 데 칼라마르가 있으나 대체적으로 생선, 오징어, 조개, 새우 등 다양한 해산물을 조화롭게 믹스하여 풍부한 세비체를 즐긴다.

Arroz

COMIDA CASERA

5

아로스 (쌀요리)

Arroz

쌀은 우리나라처럼 주식은 아니지만 많은 남미 나라에서 소비하고 생산하고 있는 식재료이다. 아시아에서 유럽으로 넘어온 쌀의 여정은 콜럼버스의 두 번째 여행과 함께 아메리카 대륙까지 도착했다. 그 이후로 소비도 하고 생산도 하게 되면서 쌀, 밀, 콩과 함께 남미 3대 주요 작물이 된다.

흑인 노예들에 의해 쌀 재배가 전 대륙으로 확산이 되었는데 사탕수수의 재배와 비슷한 면이 있어서 새로운 농사법을 터득하지 않아도 자연스럽게 쌀 농사를 지을 수 있기 때문이었다고 한다. 처음에는 스페인 사람들에 의해 먹게 된 쌀은 중국과 아시아 계열 이민자들이 소비하면서 조리법이 바뀌었다고 한다. 페루의 로모 살타도는 페루의 대표 전통요리이지만 중국 이민자들에 의해 만들어진 레시피인 것처럼 말이다.

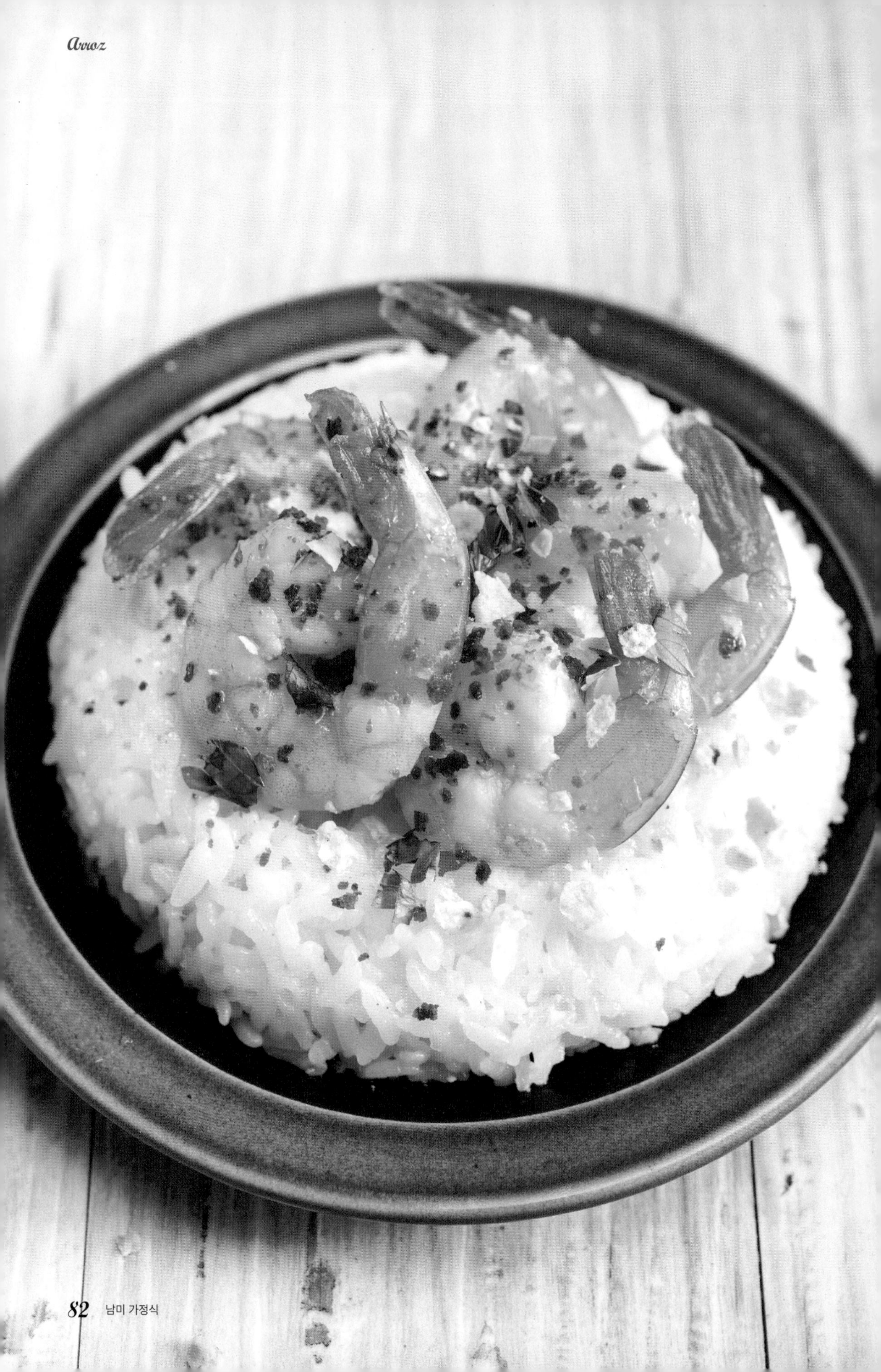

01 아로스 콘 카마로네스 Arroz con Camarones

갈릭 버터 새우밥

요즘 푸드 트럭에서 판매하고 있는 쉬림프 박스는 하와이 새우 트럭에서 파는 새우구이 메뉴이다. 그리고 이 메뉴 역시 멕시코와 브라질 해변가 푸드 트럭에서 종종 찾아볼 수 있다. 멕시코는 코코넛 우유를 추가하여 밥을 촉촉하게 먹고, 브라질에서는 새우 자체를 코코넛 오일에 튀겨 바삭함을 더해준다. 어떤 경우에는 토마토소스나 커리를 첨가하여 쌀밥을 변형해서 조리하기도 한다.

⏰ · 시간 : 30분(밥 짓는 시간 제외)

🍲 · 량 : 약 2인분

> 재료 새우 10~15마리, **쌀밥** 2공기, **버터** 2T, **코코넛버터** 1T, **다진 마늘** 2T, **소금** 1t,
> **후추** 1꼬집, **파슬리 가루**

흰쌀을 씻어 버터 한 스푼과 함께 쌀밥을 짓는다.

달궈진 팬에 기름을 두르고 새우를 살짝 익힌 후 녹인 버터를 넣어 섞어준다.

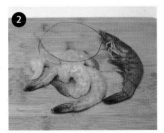
새우 머리와 껍질을 제거하여 손질한다.

레몬 즙을 추가하여 새콤한 맛을 더하고 소금과 후추를 넣어 원하는 대로 간을 맞춘다.

버터, 코코넛버터, 다진 마늘을 한 볼에 넣고 전자레인지에 30초만 돌린다.

접시에 쌀밥을 뜨고 밥 위에 새우와 녹은 버터 국물까지 함께 담는다. 위에 파슬리를 뿌려준다.

02 아로스 멕시카노 Arroz a la Mexicana

멕시칸 볶음밥

아로스 로호(붉은 쌀밥)는 부리또, 파히타 등 다른 메뉴와 곁들여 먹기 좋은 볶음밥 요리이다. 미국에서는 '멕시칸 밥' 또는 '스페니쉬 라이스'라고 부르는데 스페인에는 노란 쌀밥(빠에야)은 있어도 붉은 쌀밥 메뉴는 없다고 한다.

- 시간 : 50분
- 량 : 약 2인분

| 재료 **쌀 또는 안남미** 1컵, **토마노홀 소스** ½컵, **토마토** ½개, **양파** ½개,
| **식용유** 2T, **물** 2컵, **소금** 1꼬집

Tip 국내 쌀 대신 안남미는 금방 익고, 진득하고 끈적하게 씹히지 않고 입안에서 부서지는 식감이 있어 스페니쉬 라이스에 더욱 적합하다.

① 쌀을 물에 약 20분 동안 불린다.

② 토마토와 양파는 깍둑썰기로 자른다.

③ 팬에 식용유를 두르고 중불로 쌀이 타지 않도록 계속해서 저어주면서 볶는다.

④ 볶은 쌀이 노란빛을 띄기 시작하면 양파를 넣고 함께 볶는다.

⑤ 양파가 약간 투명해질 때 까지 볶다가 토마토홀 소스와 토마토를 추가하고 소금으로 간을 한다.

⑥ 물을 붓고 쌀이 익을 때 까지 약 25~30분을 약 불로 끓인다. 더 진한 맛을 원한다면 물 대신 치킨스톡을 녹인 국물을 사용한다.

⑦ 중간 중간 물기가 사라져 타지 않도록 물잔을 준비하여 물을 조금씩 넣는다.

⑧ 쌀이 고슬고슬하게 잘 익으면 접시에 담고 파슬리 가루를 뿌려 마무리한다.

03 기소 데 아로스 Guiso de Arroz

토마토 리조또

날씨가 추워지면 따뜻한 국물이 생각나듯이, 남미 사람들은 짧은 겨울이 다가오면 토마토소스 베이스의 '기소 데 아로스'가 생각난다고 한다. 국물이 많은 스튜 보다는 리조또에 가까운 편이긴 하나 취향에 따라 자작하게 먹기도 하고 리조또 형식으로도 먹는다. 소고기나 닭고기 덩어리를 넣어 약 불에 졸이기 때문에 주재료의 맛이 토마토소스에 잘 스며들어 깊은 맛을 낸다.

🕐 • 시간 : 40분

🍲 • 량 : 약 2인분

재료 **고기** 200그램, **쌀** 2컵, **당근** ½, **양파** 1개, **감자**1개, **홀토마토** 1컵, **치킨스톡큐브** 1개, **월계수** 1장, **마늘** 1t, **이탈리안 파슬리** 1줌, **식용유** 2T, **소금** 1t, **물** 1/2L.

쌀을 물에 약 20분 불린다.

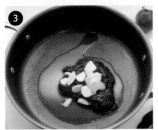
감자와 고기도 추가하여 저어가며 볶고, 미리 불린 쌀을 추가한다.

토마토, 양파, 피망, 물 1컵을 믹서에 넣고 걸쭉하게 간다. 고기와 감자는 먹기 좋은 한 입 크기로 투박하게 자른다.

치킨 스톡 큐브와 모든 재료가 잠길 정도로 물을 부어 약 불에 20분 끓인다. 모든 재료가 잘 섞이도록 저어주며 물기를 졸인다.

냄비에 식용유를 두르고 다진 마늘과 토마토홀 소스를 중불에 보글보글 끓을 때까지 볶는다.

감자와 고기 그리고 쌀밥을 토마토 소스에 잠길정도로 붓고 비벼서 스튜처럼 먹는다.

볶은 토마토소스에 간 야채를 붓고 소스와 잘 섞는다.

※ 메뉴 이미지는 사용 된 각 재료가 보이도록 토마토 소스를 붓기 전 과정을 담았다.

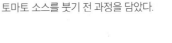
이미 지어놓은 밥이 있다면 2~5번 과정으로 요리 한 감자, 고기, 토마토 국물을 밥 위에 자작하게 뿌려 비벼 먹어도 좋다.

04 아로스 콘 뽀요 Arroz con Pollo

쿠바 닭고기 볶음밥

쿠바 사람들은 일이 많은 바쁜 날에는 맛 좋은 아로스 콘 뽀요를 먹어야 한다고 말한다. 쿠바인들이 일요일 점심에 가족 그리고 친구들과 모여 나눠 먹는 전통 요리 중 하나이다. 맥주를 추가해서 요리를 한다는 점이 특징인데 그래서인지 좀 더 이국적인 맛을 가지고 있다.

⏰ · 시간 : 40분

🍲 · 량 : 약 2인분

| 재료 닭 1/2마리, 양파 1/2개, 파프리카 1/2개, 월계수 잎 1개, 사프란 약간, 완두콩 1T, 쌀 1컵,
| 물 3컵, 소금 1t, 후추 1꼬집, 맥주 2컵

쌀은 깨끗하게 씻은 후 물에 약 30분 불린다.

미리 불린 쌀과 사프란을 풀어 넣고 물과 맥주를 넣어 쌀을 익힌다.

양파를 깍둑썰기로 파프리카는 막대썰기로 원하는 두께로 자른다.

파프리카와 완두콩을 넣고 중불에 약 20분 더 요리한다.

팬에 식용유를 두르고 닭고기를 중불에 5~10분 익힌다.

밥이 타지 않도록 물을 조금씩 추가하며 익혀 마무리 한다.

양파와 다진 마늘을 추가하고 소금과 후추로 간을 하여 3분 더 볶는다.

접시에 밥과 닭고기를 보기 좋게 담아낸다.

Brunch

COMIDA CASERA

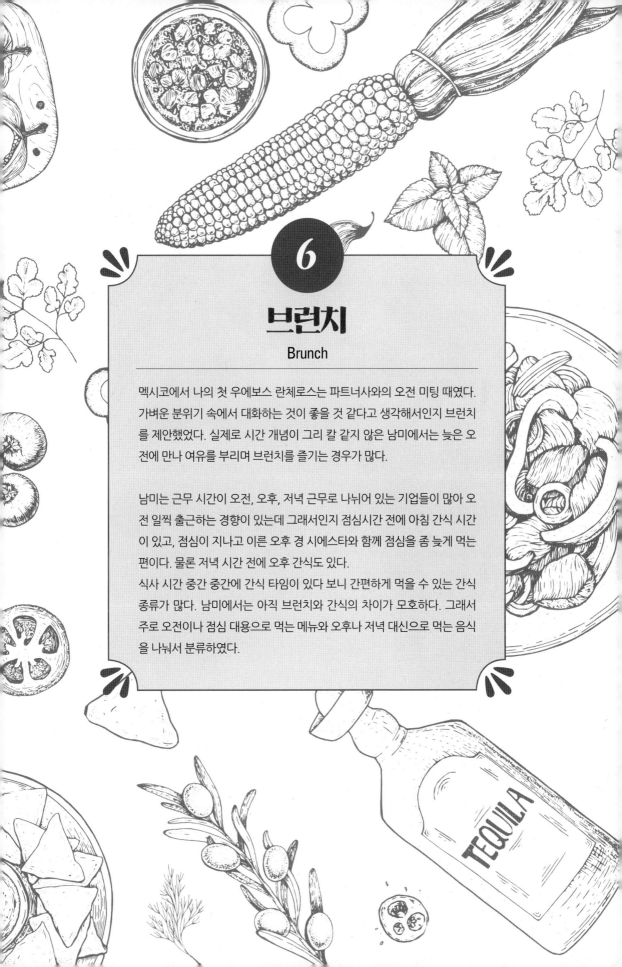

6

브런치

Brunch

멕시코에서 나의 첫 우에보스 란체로스는 파트너사와의 오전 미팅 때였다. 가벼운 분위기 속에서 대화하는 것이 좋을 것 같다고 생각해서인지 브런치를 제안했었다. 실제로 시간 개념이 그리 칼 같지 않은 남미에서는 늦은 오전에 만나 여유를 부리며 브런치를 즐기는 경우가 많다.

남미는 근무 시간이 오전, 오후, 저녁 근무로 나뉘어 있는 기업들이 많아 오전 일찍 출근하는 경향이 있는데 그래서인지 점심시간 전에 아침 간식 시간이 있고, 점심이 지나고 이른 오후 경 시에스타와 함께 점심을 좀 늦게 먹는 편이다. 물론 저녁 시간 전에 오후 간식도 있다.
식사 시간 중간 중간에 간식 타임이 있다 보니 간편하게 먹을 수 있는 간식 종류가 많다. 남미에서는 아직 브런치와 간식의 차이가 모호하다. 그래서 주로 오전이나 점심 대용으로 먹는 메뉴와 오후나 저녁 대신으로 먹는 음식을 나눠서 분류하였다.

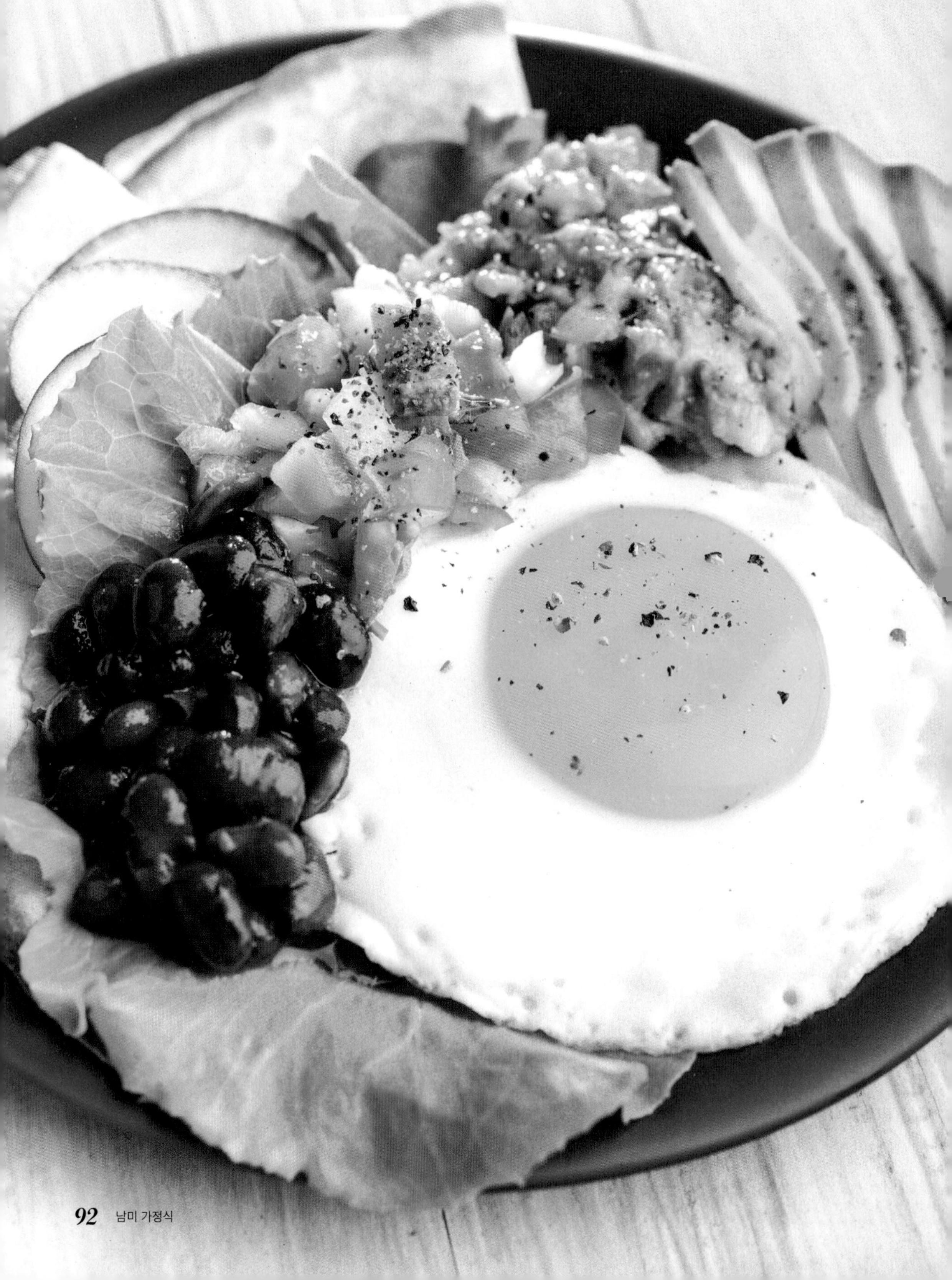

01 우에보스 란체로스 Huevos Rancheros

계란과 소스 또띠아

또띠아에 달걀 프라이와 토마토소스를 얹어 먹는 아침식사로 오래 전 멕시코 농장의 일꾼들이 늦은 아침으로 즐겨 먹었던 메뉴라고 한다. 멕시코 농장 일꾼들이 아침에 일찍 일어나 일을 하는 생활 때문에 10시 경 늦은 아침으로 먹었던 요리이다. 비슷한 메뉴로는 이혼한 달걀이라는 뜻의 '우에보스 디보르시아도스'가 있는데 이 요리는 두 개의 달걀과 두 가지 상반된 색깔(빨간색과 초록색 소스)의 소스로 꾸며 각각 달걀 한 개씩에 얹어 완성한다.

🕐 · 시간 : 20분

🧺 · 량 : 약 2인분

재료 **또띠아** 2장, **계란** 2개, **아보카도** 1개, **살사 멕시카나** 1컵, **블랙빈소스** 1컵, **과카몰리** 1컵, **후추** 1꼬집. **취향에 따라 여러 야채, 치즈, 할라피뇨** 약간씩

❶ 토마토, 양파, 피망, 아보카도와 같은 재료로 살사 멕시카나와 과카몰리를 준비한다.

❷ 약 불로 팬 또는 전자레인지로 또띠아를 데운다.

❸ 또띠아 위에 취향에 따라 여러 야채, 치즈, 할라피뇨, 살사 소스 등을 얹힌다.

❹ 계란 프라이, 블랙빈소스, 아보카도, 살사 멕시카나, 과카몰리 등을 보기 좋게 올려 놓는다.

❺ 후추를 약간 뿌리고 마무리 한다.

02 샌드위치 쿠바노 Sandwich Cubano

쿠바 샌드위치

쿠바에서 먹는 샌드위치와 미국에서 먹는 쿠바 샌드위치는 차이가 좀 있다. 그래서 어떤 사람들은 '쿠바에는 없는 쿠바 샌드위치'라고 말하기도 한다. 쿠바 샌드위치는 멕시코의 타코와 비슷하게 사탕수수와 담배 공장에서 일하는 노동자들의 한 끼 대용 점심식사였다.

예나 지금이나 쿠바 사람들에게는 플로리다로 가는 길이 자유 그 자체인데 미국으로 넘어온 쿠바인들은 탬파에 자리를 잡았고, 탬파는 쿠바 노동자들의 아지트로 커피와 든든한 샌드위치를 먹을 수 있는 카페들이 많이 생겨났다. 우리가 흔하게 카페에서 접하는 쿠바 샌드위치는 사실 반쪽자리 샌드위치이다. 원래 이 샌드위치는 식사대용이었기 때문에 치즈와 햄 외에도 돼지고기를 넣기도 하는데 조리법이 훨씬 복잡한 메뉴이다.

🕐 · 시간 : 20분

🍲 · 량 : 약 2인분

> **재료** **바게트 빵** 1개, **슬라이스 홀머슬햄** 4장, **슬라이스햄** 4장, **레몬** ½개, **오렌지** ½개, **머스타드** 2T, **슬라이스 모차렐라 치즈** 4장, **콜비잭치즈** 6조각, **통 피클** 4개, **버터** 1T.

🧢 **Tip** 프레스 샌드메이커로 전체적으로 눌러주면 좋으나 오븐 토스터나 일반 팬에 샌드위치를 납작하게 만든다는 생각으로 눌러 겉을 바삭하게 구워내면 더 좋다.

① 홀머슬햄을 팬에 올리고 오렌지와 레몬을 짜서 과일 즙이 스며들도록 약 3분간 끓인다.

④ 홀머슬 햄과 콜비잭 치즈를 그 위에 겹겹이 쌓아 올린다.

② 빵에 버터를 바른 후 머스터드를 발라준다.

⑤ 마지막으로 통 피클을 세로로 길고 얇게 잘라 올리고 빵을 올린다.

③ 빵 위에 일반 슬라이스 햄을 깔고 모차렐라 치즈를 올려놓는다.

03 엠파나다 Empanada

남미식 만두

원래는 스페인 전통음식인데 남미의 모든 나라는 엠파나다가 자기 나라 음식이라고 생각한다. 그렇게 생각할 수도 있는 것이 나라마다 조리 방법이나 속 재료가 다양하기 때문에 나라 별 엠파나다를 먹어보는 재미도 있다. 엠파나다는 우리나라 만두와 흡사하게 빵 반죽 안에 다진 고기나 다양한 재료로 속을 채워 굽거나 튀기는 요리이다. 엠파나다의 속 재료를 반죽에 바로 넣지 않고 하루 정도 냉장 보관했다가 만들면 간이나 향이 더 골고루 밴다.

⏰ · 시간 : 1시간

🍲 · 량 : 약 2인분

재료 **간 소고기** 200gr, **소금** 1/2T, **후추** 1t, **간장** 1T, **다진 마늘** 1T, **이탈리안 파슬리** 1줌, **계란** 3개,

냉동 만두피 1팩, **모차렐라 치즈** 1컵, **슬라이스 햄** 4장, **옥수수** 1컵, **식용유** 1/2L

① 간 소고기를 소금, 후추, 간장으로 간을 하고 다진 마늘, 이탈리안 파슬리와 함께 팬에 볶는다.

② 슬라이스 햄은 사각 모양으로 썬다. 계란은 노른자가 완숙이 되도록 약 12~15분 삶아서 껍질을 까고 잘게 으깬다.

③ 만두 프레스 메이커가 있으면 사용한다.

④ 만두 프레스 메이커 위에 만두피를 올리고 <소고기+계란>을 올린다.

⑤ 만두피 가장자리에 물을 묻힌다.

⑥ 만두 프레스 메이커로 만두 가장자리를 잘 눌러준다.

⑦ 만두를 꺼내 테두리가 터지지 않도록 반달 모양으로 만든다.

⑧ <손으로 만드는 경우> 만두피 위에 <햄 + 치즈 + 옥수수>를 올린다.

⑨ 만두피 가장자리에 물을 묻힌 후 만두피를 반으로 접는다.

⑩ 테두리 부분을 포크로 꾹꾹 눌러준다.

⑪ 만두 테두리가 터지지 않도록 주의하면서 반달 모양으로 만든다.

⑫ 엠파나다를 끓는 기름에 노란빛이 돌때까지 튀긴다.

⑬ 기름을 빼고 접시에 담아 서빙한다.

Tip 끓는 기름에 튀기는 대신, 기름을 바른 베이킹 팬에 엠파나다를 얹고 200도로 예열한 오븐에서 15~20분간 구워줘도 된다. 기름에 튀기면 바삭하지만 오븐에 구우면 속은 즙이 많고 겉은 바삭바삭한 페이스트리가 장점이다.

04 토르티야 데 세보예타 Tortilla de Cebolleta

파 치즈 미니전

오후 간식으로 즐겨 먹던 미니 토르티야는 파와 치즈의 케미가 예사롭지 않다.
우리나라의 전과 비슷하지만 파와 치즈가 어우러지면서 이색적인 맛을 낸다.

🕐 · 시간 : 20분
🍲 · 량 : 약 2인분

재료 **쪽파** 2쪽, **계란**1개, **밀가루** 1컵, **모차렐라 치즈** 1컵, **소금** 1꼬집, **기름** 3T, **물** 2~3T,
파마산 치즈가루, 타바스코 소스

① 쪽파를 동그랗게 송송 썬다.

② 밀가루에 계란과 물을 넣고 소금으로 간을 한다.

③ 치즈와 파를 넣고 반죽을 만든다.

④ 반죽이 질게 되도록 잘 섞는다.

⑤ 숟가락으로 한 스푼 정도 떠서 식용유를 두른 팬에 올려 납작하게 붙인다.

⑥ 키친 타올에 올려 기름을 뺀 후 접시에 담는다. 취향에 따라 파마산 치즈 가루를 뿌려 먹거나 핫소스인 타바스코 소스에 찍어 먹는다.

05 판 콘 토마테 Pan con Tomate

토마토와 바게트

판 콘 토마테는 구운 빵에 생마늘과 잘 익은 토마토를 문지르고 올리브 오일과 소금을 뿌려먹는 스페인의 타파스 메뉴이다. 스페인의 전통요리는 식민지를 통해 여러 지역으로 퍼져 나갔다. 남미에서는 이탈리아 피에몬테 주의 부르스케타와 비슷한 형태로 먹기도 하며 간식이나 안주거리로 즐겨 먹는다. 간단한 재료로 맛의 조합을 만들어내는 이 토마토 빵은 소화가 쉽고 비타민도 풍부하여 건강식으로 인정받고 있다.

⏰ • 시간 : 5분

🍲 • 량 : 약 2인분

> 재료 바게트 4쪽, 마늘 1알, 다진 마늘 1t, 토마토 1개, 이탈리안 파슬리 1줌, 올리브오일 2T,
>
> 소금 1t, 후추 1꼬집

Tip
1) 바게트가 바삭해야 마늘을 문지를 때 마늘이 잘 갈리고 빵에 마늘이 잘 녹아든다.
2) 타파스(tapas)는 스페인에서 식사 전에 술과 곁들여 간단히 먹는 소량의 음식을 말한다. 브루스케타(brushetta)는 바게트에 치즈, 과일, 야채, 소스 등을 얹은 요리이다. 이탈리아의 정식요리에서 안티파스토(antipasto:전채요리)로 사용된다.

① 토마토를 으깨거나 사각 조각으로 썬다.

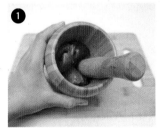
② 토마토에 다진 마늘과 소금, 후추, 올리브 오일로 간을 한다.

③ 바게트를 납작하게 썰고 팬에 바삭하게 굽는다.

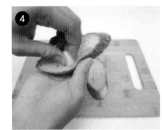
④ 마늘 알을 반으로 잘라 향이 배도록 빵 표면에 문지른다.

⑤ 양념이 된 토마토를 올린다.

⑥ 마지막으로 다진 이탈리안 파슬리를 올린다.

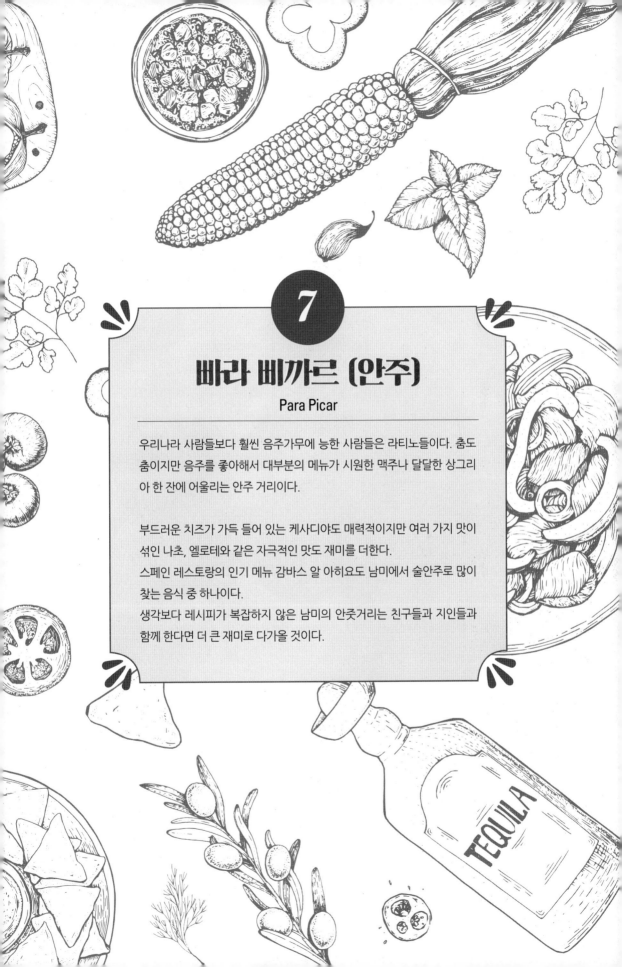

빠라 삐까르 (안주)

Para Picar

우리나라 사람들보다 훨씬 음주가무에 능한 사람들은 라티노들이다. 춤도 춤이지만 음주를 좋아해서 대부분의 메뉴가 시원한 맥주나 달달한 상그리아 한 잔에 어울리는 안주 거리이다.

부드러운 치즈가 가득 들어 있는 케사디야도 매력적이지만 여러 가지 맛이 섞인 나초, 엘로테와 같은 자극적인 맛도 재미를 더한다.
스페인 레스토랑의 인기 메뉴 감바스 알 아히요도 남미에서 술안주로 많이 찾는 음식 중 하나이다.
생각보다 레시피가 복잡하지 않은 남미의 안줏거리는 친구들과 지인들과 함께 한다면 더 큰 재미로 다가올 것이다.

01 수페르 나초스 Super Nachos

토핑 가득 나초

녹인 체더치즈와 다진 할라페뇨를 얹은 토토포 칩으로 에피타이저나 간식 또는 술안주로 먹는 멕시코 음식이다. 토토포 (Totopo)는 토르티야를 기름에 튀긴 조각인데 살사 멕시카나와 과카몰리 소스를 찍어 먹거나 노란 체더치즈를 녹여 부어 먹는다.

⏰ • 시간 : 20분

🍲 • 량 : 약 2인분

재료 **나초칩** ½봉, **나초 치즈**(체더치즈) 1개, **할라페뇨** ½컵, **칵테일 새우** ½컵, **살사 멕시카나** 1컵, **과카몰리** 1컵, **다진마늘** 1t, **소금** 1꼬집, **후추** 1꼬집, **기호에 따라 고수, 올리브** 약간

① 손질 된 새우를 다진 마늘, 소금, 후추 간을 하여 중불에 함께 익힌다.

④ 할라페뇨와 새우를 올리고 원하는 살사를 토핑하여 먹는다.

② 토마토, 양파, 피망, 아보카도와 같은 재료로 살사 멕시카나와 과카몰리를 준비한다.

⑤ 기호에 따라 고수, 올리브 등을 토핑에 더한다.

③ 볼에 나초를 담고 그 위에 녹인 체더 치즈를 뿌린다.

02 엘로테 Elotes

멕시코 원조 마약 옥수수

우리나라에서 마약 옥수수라고 불리는 엘로테 또는 하바나 콘은 버터에 구운 달콤한 옥수수 위에 멕시코 카옌페퍼, 치즈가루와 라임을 뿌려 먹는데, 달짝지근한 옥수수와 짭짤한 치즈 맛 그리고 상큼하고 매콤한 맛까지 어우러진 매력적인 간식거리다. 카옌페퍼 대신 타힌이라는 브랜드의 타힌 시즈닝을 주로 사용하는데 이 시즈닝은 멕시코 사람들이 아이스크림, 수박, 사탕 등에 뿌려 먹는 멕시코인의 필수 아이템이다.

🕐 ・시간 : 20분
🍲 ・량 : 약 2인분

재료 **옥수수** 2개, **버터** 2T, **설탕** 1T, **소금** 1t, **마요네즈** 2T, **고춧가루 또는 타힌 시즈닝** 2T

Tip 타힌 시즈닝(Tajin Seasoning)은 고춧가루, 바닷소금, 라임주스 건조분말이 주재료인 과일용 시즈닝이다. 모든 과일에 사용하지는 않고 수박, 망고, 사과, 딸기에 솔솔 뿌려 먹으면 맛의 신세계가 열린다. 여름에 시원함을 배가시키는 맛이다.

냄비에 물을 넣고 옥수수와 소금 한 스푼을 넣고 삶는다.

팬에 옥수수를 올리고 소스를 부어 옥수수가 노릇하게 구워지도록 굴려가며 굽는다.

삶아서 따뜻한 옥수수 표면에 버터를 문질러 녹여준다.

옥수수에 치즈가루와 고춧가루 또는 타힌 시즈닝, 파슬리 가루를 뿌려 마무리 한다.

버터, 마요네즈, 설탕, 소금을 넣고 소스를 끓인다.

03 케사디야 Quesadilla

토마토 시금치 케사디야

또띠아 위에 야채나 원하는 재료를 올린 후 치즈를 뿌리고 반으로 접거나 또띠아 한 장을 더 얹어 팬에 노릇하고 바삭하게 굽는 멕시코 유명 에피타이저이다. 케사디야 역시 속 재료에 따라 다양한 조리법을 가지고 있으나 시금치와 선드라이 토마토로 고급스러운 맛을 낸 케사디야를 소개한다.

🕐 · 시간 : 20분

🍲 · 량 : 약 2인분

재료 **또띠아** 2장, **고다치즈** 25gr, **모차렐라 치즈** 1컵, **시금치** 2줌, **선드라이 토마토** ½컵

팬에 약 불로 또띠아를 굽는다.

그 위에 모차렐라 치즈와 고다 치즈로 모든 재료를 덮는다.

또띠아 위에 고다 치즈를 갈아 올린다.

다른 또띠아 1장으로 위를 덮고 팬에 노릇노릇하게 앞뒤로 돌려가며 굽는다.

시금치와 선드라이를 올린다.

케사디야를 보기 좋게 썰어 살사 멕시카나와 함께 서빙한다.

Para Picar

04 감바스 알 아히요 Gambas al Ajillo

스페인 새우 요리

처음 감바스 알 아히요를 칠레에서 먹었는데 알고 보니 스페인에서 에피타이저로 유명한 요리라고 한다. 새우와 마늘을 올리브유에 튀기듯 끓여낸 이 메뉴는 술집에서 흔히 맛볼 수 있는 안주 요리다. 많은 양의 올리브유로 자칫 느끼할 수도 있는 맛을 마늘이 잡아주며, 말린 고추를 첨가하여 매콤한 맛을 더하기도 한다. 감바스 알 아히요는 소금이 그 맛을 좌우하기도 하는데 너무 짜면 새우와 마늘의 맛을 해치기 때문에 적당히 넣는 것이 좋다.

🕐 • 시간 : 30분

🍲 • 량 : 약 2인분

> 재료 **새우** 150g, **마늘** 5알, **올리브오일** 3컵, **소금** 1t, **후추** 1t, **이탈리안 파슬리** 1줌,
> **크러쉬드레드페퍼 또는 페페론치노** 1t, **버터** 1T, **레몬** 1개

Tip 올리브오일에 간을 할 때(조리과정 2번) 오일에 새우향이 배도록
새우 머리를 함께 넣고 볶아 주면 더욱 좋다.

새우는 껍질과 머리, 내장 부분을 제거하고 소금물에 담가 둔다.

팬에 올리브 오일을 충분히 붓고 다진 마늘, 버터, 페페론치노를 넣고 약 불로 오일을 끓인다.

마늘의 색이 변할 때쯤 준비해둔 새우를 넣고 소금을 조금 뿌려 간을 한다.

새우가 붉은 색을 띄기 시작하면 레몬을 짜서 즙을 뿌린다.

불을 끄고 페레론치노와 다진 이탈리안 파슬리를 뿌려 마무리 한다.

05 뻬스카도 프리토 Pescado Frito

남미식 생선 튀김

스페인의 뻬스카도 프리토와 남미의 뻬스카도 프리토는 같은 메뉴 명을 사용하고 있긴 하지만 조리법에는 차이가 있다. 스페인 생선튀김은 밀가루만 얇게 입혀 큰 멸치를 올리브오일에 튀겨 통째로 먹는 것이라면 남미에서는 조금 더 두꺼운 튀김옷을 입힌 생선 조각인 경우가 많다. 칠레 해안가에서 생선튀김을 먹어보고 그 맛과 식감에 반했던 적이 있다. 별다를 것 없어 보이는 생선튀김이었는데 반죽에 시원한 맥주를 추가해서 그런지 속이 폭신폭신하고 맥주의 뒷맛이 살짝 느껴지면서 느끼함을 잡아주는 것을 맛볼 수 있다

⏰ • 시간 : 30분
🍲 • 량 : 약 2인분

재료 **원하는 횟감 생선** 1마리, **다진 마늘** 1T, **라임** 1개, **부침가루** 1컵, **시원한 맥주** 1컵, **소금** 1t, **후추** 꼬집, **식용유** 1컵, **파슬리 가루**

Tip 맥주 생선 튀김은 마요네즈 마늘소스와 찍어먹으면 더욱 맛있다.
마요네즈 마늘소스 : 마요네즈 ¼컵과 다진 마늘 1t 그리고 레몬, 소금으로 간을 한다.

 생선을 약간 두껍게 포를 떠서 소금과 후추로 간을 한다.

 생선에 튀김옷을 골고루 묻힌다.

 포가 너무 얇다면 동그랗게 말아서 이쑤시개로 고정시킨다.

 끓는 식용유에 생선을 넣어 노릇하게 튀겨낸다.

 생선에 라임을 뿌리고 약 2~3분 재워둔다.

 키친 타올에 올려 기름을 뺀다.

 부침가루에 맥주를 부어 튀김옷을 만든다.

 접시에 담고 파슬리 가루를 뿌려준다. 상큼한 맛을 원한다면 라임즙을 뿌려준다.

메리엔다 (간식)

Merienda

"조식은 왕처럼, 점심은 왕자처럼, 저녁은 걸인처럼 먹어라"는 말이 있다.
왜 이런 말이 생겼는지는 잘 모르겠지만 실제로 많은 남미 사람들이 아침,
점심은 든든하게 먹고, 오후 간식을 저녁 식사로 대체하기도 한다.
남미에서는 오후 간식도 한 손에 들고 편하게 먹을 수 있는 음식들이 많은
데 길거리에서 흔하게 찾아볼 수 있다.

오전 간식과 조금 다른 점이 있다면 먹고 나면 더 든든한 간식거리라는 것
이다. 소개하는 메뉴는 우리가 흔하게 알고 있는 모양이지만 남미의 터치가
곁들여져 있기 때문에 핫도그, 버거, 감자튀김 또는 피자이 또 다른 매력을
느낄 수 있을 것이다.

01 뻬리또 깔리엔떼 Perrito Caliente

토핑 가득 핫도그

햄버거와 핫도그는 미국 음식문화의 아이콘이긴 하지만, 간편하게 간식으로 식사를 대체하기도 하는 남미 사람들에게도 인기 좋은 메뉴이다. 각 나라마다 토핑이 다양해서 같은 빵과 소시지라도 다른 매력을 느껴볼 수 있다.

⏰ · 시간 : 30분

🍲 · 량 : 약 2인분

재료 **핫도그 소시지** 3개, **핫도그 빵** 3개, **살사멕시카나** ½컵, **모차렐라 치즈** ½컵, **아보카도** ½개, **토마토** 1/3개, **양파** 1/3개, **피망** 1/3개, **파프리카** 1/3개

① 핫도그 소시지는 삶거나 팬에 구워 준비한다. 남미 핫도그엔 굽는 것을 추천한다. 칼집을 내고 앞뒤로 잘 구워준다.

④ 아보카도를 으깨고 토마토는 사각썰기로 썬다.

② 토마토, 양파, 피망, 아보카도와 같은 재료로 살사 멕시카나를 준비한다.

⑤ 핫도그 빵과 소시지에 케첩, 마요네즈, 겨자소스를 취향대로 뿌리고 살사 멕시카나나 치즈 등의 토핑을 올린다.

③ 양파, 피망, 파프리카를 막대썰기로 자르고 소금과 후추로 간을 하고 팬에 볶는다.

⑥ 칠레식 핫도그는 아보카도와 토마토, 브라질 핫도그는 새콤한 살사 멕시카나 위에 잘게 부순 감자튀김, 멕시칸 핫도그 위에는 야채 볶음을 토핑하여 마무리 한다.

02 로미토 Lomito

소고기 스테이크 버거

로미토 버거 또는 샌드위치의 재료는 햄버거와 비슷하다. 패티 대신 얇게 썬 소고기 등심을 이용한다. 햄버거와 재료는 같지만 고기를 간장으로 간을 하여서 전체적으로 햄버거와 다른 맛을 가지고 있다.

- 시간 : 20분
- 량 : 약 2인분

재료 **토마토** ½개, **양파** 1/3개, **피클** 2T, **우등심** 200gr, **슬라이스 햄** 2장, **치즈** 2장, **계란** 2개, **상추** 2장, **간장** 1T, **소금** 1꼬집, **후추** 1꼬집, **케첩** 2T, **마요네즈** 2T, **머스타드** 1T, **식용유** 4T.

Tip 다진 피클, 마요네즈, 머스타드를 섞어 로미토에 어울리는 소스를 만들어 토핑한다.

① 소고기를 얇게 썰어 표면을 미트해머로 납작하게 다진다.

② 토마토는 통썰기로 양파는 링 모양으로 자른다.

③ 팬에 식용유를 두르고 소고기에 간장, 소금 후추를 뿌려 간을 하여 익힌다.

④ 버거 빵에 버터를 발라 팬에 굽고 상추, 양파, 토마토를 올린다.

⑤ 그 위에 치즈, 햄, 계란 프라이, 고기 순으로 올린다.

⑥ 케첩과 마요네즈를 뿌리고 빵을 올린다. 버거를 전체적으로 살짝 눌러 마무리 한다.

03 로미토 아라베 Lomito Arabe

남미식 케밥

남미식 케밥은 젊은이들의 화려한 밤 문화의 배고픔을 달래주는 간식이다. 중동 사람들이 운영하는 가게를 쉽게 볼 수 있으며 양고기 대신 주로 소고기와 닭고기를 이용하고 곁들여 먹는 소스는 역시 남미답게 맛이 좀 더 강한 편이다.

🕐 · 시간 : 30분

🍲 · 량 : 약 2인분

재료 **소고기** 100gr, **닭가슴살** 1쪽, **양파** ½개, **토마토** ½개, **양배추** 2장, **마요네즈** 4T, **다진마늘** 1t, **레몬** ½개, **소금** 1t, **후추** 1꼬집, **또띠야** 2장,

또띠아에 양배추와 양파를 올린다.

소고기와 닭 가슴살은 막대썰기로 자르고 소금과 후추, 레몬으로 간을 한다. 팬에 식용유를 두르고 고기를 중불로 바싹 익힌다.

그 위에 토마토, 고기 순으로 올리고 소스를 듬뿍 뿌린다.

양배추, 양파는 채를 썰고, 토마토는 깍둑 썰기로 먹기 좋은 크기로 자른다.

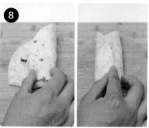

또띠아 하단을 접는다.

마요네즈, 레몬, 다진 마늘, 소금을 넣고 소스를 만든다.

양 옆 부분을 차례대로 말아 재료를 감싼다.

또띠아를 팬에 살짝 익히거나 전자레인지에 약 1분 돌린다.

안에 재료들이 빠지지 않게 잘 감싸준다.

04 살치 파파 Salchipapa

소시지 감자 튀김

살치파파를 다른 요리와 굳이 비교하자면 영국의 피시앤칩스 같은 존재이다. 남미 많은 나라에서 간식 또는 식사대용으로 즐기는 메뉴인데 감자튀김(파파 프리타)과 소시지(쌀치차)의 만남이다. 두 단어를 혼합해서 살치파파라고 부르는데 일반 핫도그와 비슷하게 마요네즈, 케첩, 겨자소스 등을 뿌려서 먹는다. 쌀치파파는 늦은 시간대에 많이 팔린다는 말이 있는데 고칼로리 음식이긴 하나 간편하게 먹을 수 있기 때문에 야식으로 많이 찾는 간식이라고 한다

🕐 · 시간 : 20분

🍲 · 량 : 약 2인분

재료 **감자** 2개, **소시지** 2개, **마요네즈** 2T, **케첩** 2T, **식용유** 4컵

감자는 웨지감자 모양으로 보통 감자튀김보다 약간 두껍게 자른다.

완성 된 감자와 소시지를 옮겨 담고 취향에 맞게 마요네즈와 케첩, 치즈가루, 페퍼 등을 뿌려 먹는다.

소시지를 막대썰기로 세로로 길게 자른다.

소시지와 감자가 다 잠길 정도로 팬에 식용유를 붓고 약불에 튀긴다

감자는 웨지감자든 일반 막대 감자튀김이든 무관하지만 일반 패스트푸드점에서 파는 감자보다는 두꺼운 사이즈이어야 겉은 바삭하고 안은 촉촉한 느낌을 맛 볼 수 있다. 자른 감자를 찬물에 10분 동안 담가서 전분을 빼주면 더욱 바삭하게 튀겨진다.

05 피자 브라질레라 Pizza Brasilera

브라질 피자

18세기에 이탈리아 이민자들과 함께 피자는 브라질에 도착했고, 상파울루를 중심으로 전국에 피자 사랑은 퍼져 나갔다고 한다. 브라질 피자라고 해서 아주 특별한 레시피가 있는 것은 아니고 브라질에서 얻을 수 있는 재료들로 토핑을 하는데 재료들의 조화가 클래식한 맛을 만들어 낸다.

🕐 • 시간 : 30분

🍲 • 량 : 약 2인분

재료 **토미토소스** 2T, **피자도우** 1개, **슬라이스 햄** 6장, **모차렐라 치즈** 2컵, **옥수수** 2T, **야자나무심수** 3봉, **계란** 1개, **양파** ½개, **피망** ½개, **선드라이 토마토** 약간, **올리브** 약간

피자도우를 준비한다.

Tip 브라질에서는 토마토 살사 대신
생토마토를 올리는 걸 좋아한다.

피자도우에 토마토소
스를 골고루 펴 바른
후 슬라이스 햄을 올
려준다.

링 모양으로 자른 양
파와 피망, 모차렐라
치즈, 소시지를 올린
다.

옥수수와 야자나무심
수를 올린다.

삶은 계란과 취향에
따라 선드라이 토마
토, 올리브를 올린다.

180℃로 예열 된 오븐
에 넣고 도우빵일 경
우 10분, 생도우일 경
우 15분 정도 굽는다.

Postres

COMIDA CASERA

뽀스트레 (디저트)

Postres

남미에서 디저트를 고르는 것만큼 어려운 선택은 없을 것이다. 종류도 다양하지만 그만큼 맛도 풍부해서 한 개의 디저트만으로는 만족할 수 없을 정도이다. 슬픔을 잊게 해준다는 남미의 디저트는 식사가 끝난 후 빠질 수 없는 또 다른 코스이다. 에피타이저는 빼 먹을 수 있어도 디저트는 그럴 수 없다. 남미 음식은 대부분 짠맛과 매운맛 그리고 신맛이기 때문에 계절 과일이나 달달한 케이크 한 조각 또는 부드러운 푸딩은 식사를 마무리할 수 있는 최고의 방법이라고 할 수 있다.

01 아로스 콘 레체 Arroz con Leche

우유 쌀 푸딩

남미 음식은 대체적으로 짠 맛만 존재하는 느낌이다. 단 메인 요리는 거의 존재하지 않는다고 해도 과언이 아닐 정도이다. 그래서인지 디저트 문화가 매우 발달 되어 있고, 간단한 디저트라도 꼭 챙겨 먹는 편이다. 그 중 아로스 콘 레체는 전 연령층이 사랑하는 쌀 푸딩 후식이다.

🕐 · 시간 : 1시간(쌀 불리는 시간, 숙성 시간 제외)

🍲 · 량 : 약 2인분

> 재료 **쌀** ½컵, **계피가루** 약간, **물** 1컵, **우유** 2컵, **소금** 1꼬집,
> **버터** 1T, **바닐라 시럽** 1T, **설탕** 1T, **연유** 1컵

남은 우유 1컵을 넣고 약 불로 쌀이 잘 익을 때까지 저어가며 약 45분 더 끓여준다.

쌀을 물에 씻고 30분 불린다.

걸쭉한 느낌이 나도록 물을 조금씩 추가해서 타지 않도록 주의한다.

작은 냄비에 물과 쌀을 넣고 중불로 5분 동안 끓여준다.

완성이 되면 식혀서, 냉장고에 약 1시간 숙성시킨다.

소금, 버터, 바닐라 시럽, 연유, 우유 1컵, 설탕을 넣고 섞은 후 15분 더 끓여준다.

먹기 전 계피가루 또는 코코아 가루를 뿌려 마무리 한다.

02 플란 데 우에보 Flan de Huevo

계란 푸딩

남미 사람들은 아직도 플란과 푸딩이 같거나 다르다는 의견이 분분하다. 결론부터 말하자면 주재료는 비슷하지만 같은 메뉴는 아니다. 남미의 푸딩은 조금 더 빵의 식감이 있고 플란은 부드럽고 입에서 바로 녹는 젤리 느낌이다.

⏰ · 시간 : 1시간

🧺 · 량 : 6조각

재료 **우유** ½리터, **계란** 4개, **노른자** 2개, **바닐라시럽** 3T,
설탕 1½컵, **물** 4T, **레몬즙** 1T

캐러멜시럽을 넣어둔 유리용기에 플란 물을 붓는다.

팬에 설탕 반 컵과 물을 넣고 약 불에서 저어가며 설탕을 녹인다.

얕은 냄비에 유리용기를 넣고 잠기지 않을 정도로 물을 붓는다.

설탕이 녹으면 강한 불로 약 3~5분 끓인다.

뚜껑을 덮고 플란이 탱글탱글 해질 때까지 끓인다.

설탕이 시럽이 되면서 황금빛이 될 때까지 끓인다.

익은 플란은 냉장고에 보관하여 차게 식힌다.

유리 용기 밑면에 코팅이 되도록 시럽을 용기 바닥에 깐다.

냉장고에서 차가와진 플란을 꺼내 나이프로 컵과 플란을 분리한다.

볼에 계란, 노른자, 바닐라 시럽, 설탕 1컵, 레몬즙과 물을 넣고, 살짝 끓인 우유를 추가한다.

용기를 뒤집어서 플란을 빼서 접시에 담아 완성한다.

03 아사이 Açaí

아사이베리볼

아마존의 보라 빛 진주라고 알려진 아사이는 전 세계 사람들이 사랑하는 수퍼 푸드이다. 그리고 브라질의 대표적 디저트 중 하나인 아사이볼은 화려하고 맛 좋은 디저트다. 얼린 과일을 갈아 볼에 담고 열대 과일을 듬뿍 올려 먹는다.

🕐 · 시간 : 15분

🍲 · 량 : 약 2인분

재료 **플레인 요거트** 1개, **얼린 블루베리** 1컵, **바나나** 1개, **망고** 1/2개 **또는 복숭아** 1개,
체리 또는 딸기 3개, **등 원하는 계절 과일, 아사이베리 파우더** 2T, **견과류** 2T, **꿀** 1T

플레인 요거트와 얼린 블루베리, 아사이베리 파우더, 꿀을 믹서에 넣고 간다.

납작한 볼에 아사이를 담는다.

스무디 보다는 아이스크림과 비슷해야 하므로 얼음을 추가하여 함께 가는 것이 좋다.

취향에 맞게 과일, 견과류 등의 토핑을 올려 데코 한다.

바나나와 원하는 계절 과일(망고, 복숭아, 체리, 딸기 등)을 통썰기로 썬다.

04 요구르트 데 푸르타 Yogurt de Frutas

생과일 요거트

남미에 가면 꼭 해봐야 하는 일 중 하나가 마트에서 과일 사기이다. 우리나라에서는 볼 수 없는 열대 지방의 다양한 과일을 만날 수 있는데 맛 또한 상상 이상으로 달다. 그래서인지 떠먹는 요거트를 먹을 때 남미 사람들은 플레인 요거트 보다는 과일 요거트를 선호하는 편이다. 시중에 판매하는 제품도 많지만 신선한 과일을 담은 과일 요거트는 모두가 좋아하는 간단 디저트이다

⏰ • 시간 : 10분

🧺 • 량 : 약 2인분

재료 **플레인 요거트** 2컵, **딸기 또는 체리** 6개, **망고** ½개, **설탕** 1t, **견과류** 1컵, **레몬** 한쪽

① 과일을 깨끗이 씻은 후 토핑으로 올릴 체리를 제외한 망고와 체리를 모두 믹서에 따로 간다.

④ 그 위에 다시 플레인 요거트를 올린다.

② 유리컵에 플레인 요거트를 담는다.

⑤ 믹서에 간 과일에 설탕을 넣어 잘 섞은 뒤 요거트 위에 올린다.

③ 견과류를 뿌려준다.

⑥ 과일로 토핑하여 데코한다.

05 엔살라다 데 푸르타 Ensalada de Frutas

남미식 과일 샐러드

단순하게 여러 과일을 믹스하여 먹는 샐러드가 아니라, 우리나라 과일 화채와 매우 흡사한 샐러드이다. 길 가다 컵 하나를 들고 무언가를 떠먹는 사람이 있다면 그건 과일 샐러드일 것이다. 남미에서는 더운 날 아이스크림 하나 사 먹는 것처럼 과일 샐러드 컵을 아무 때나, 어디서나 즐긴다.

🕐 · 시간 : 30분

🧺 · 량 : 약 2인분

> 재료 **황도 캔 ½개, 오렌지주스 1컵, 망고 1개, 체리 약간, 자두 2개, 그 외 원하는 계절 과일**

과일을 깨끗이 씻은 후 껍질을 벗겨낸다.

과일을 깍둑썰기 또는 한 입 크기로 일정하게 자른다.

황도 캔에 들어 있는 주스 1컵과 오렌지주스 1컵을 썰어 놓은 과일에 섞는다.

밀봉하여 냉장고에서 약 20분간 숙성시키면 과일 맛이 주스에 스며들어 맛이 풍부해진다.

투명한 그릇에 보기 좋게 담아낸다.

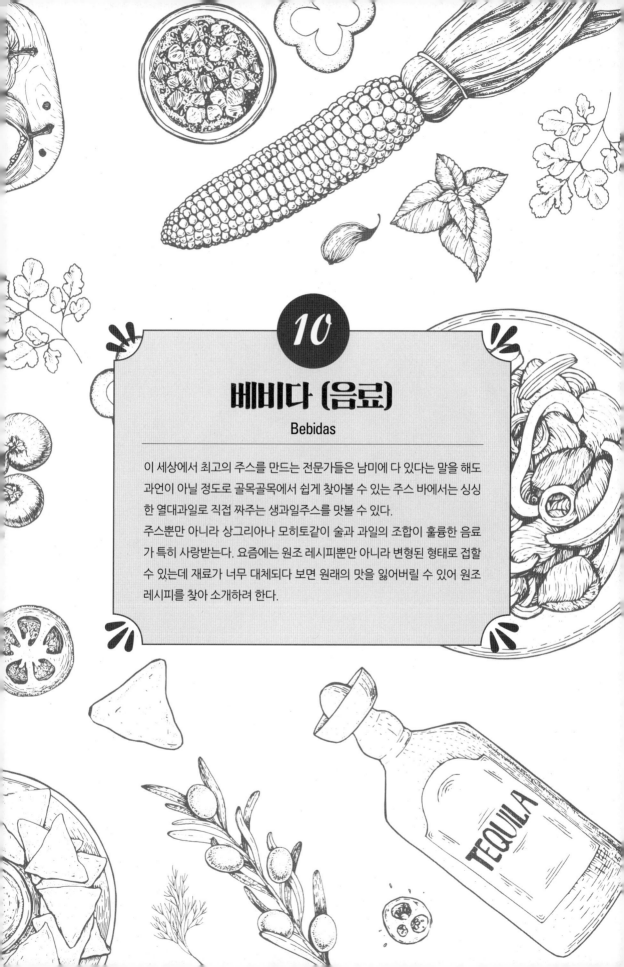

10

베비다 (음료)

Bebidas

이 세상에서 최고의 주스를 만드는 전문가들은 남미에 다 있다는 말을 해도 과언이 아닐 정도로 골목골목에서 쉽게 찾아볼 수 있는 주스 바에서는 싱싱한 열대과일로 직접 짜주는 생과일주스를 맛볼 수 있다.

주스뿐만 아니라 상그리아나 모히토같이 술과 과일의 조합이 훌륭한 음료가 특히 사랑받는다. 요즘에는 원조 레시피뿐만 아니라 변형된 형태로 접할 수 있는데 재료가 너무 대체되다 보면 원래의 맛을 잃어버릴 수 있어 원조 레시피를 찾아 소개하려 한다.

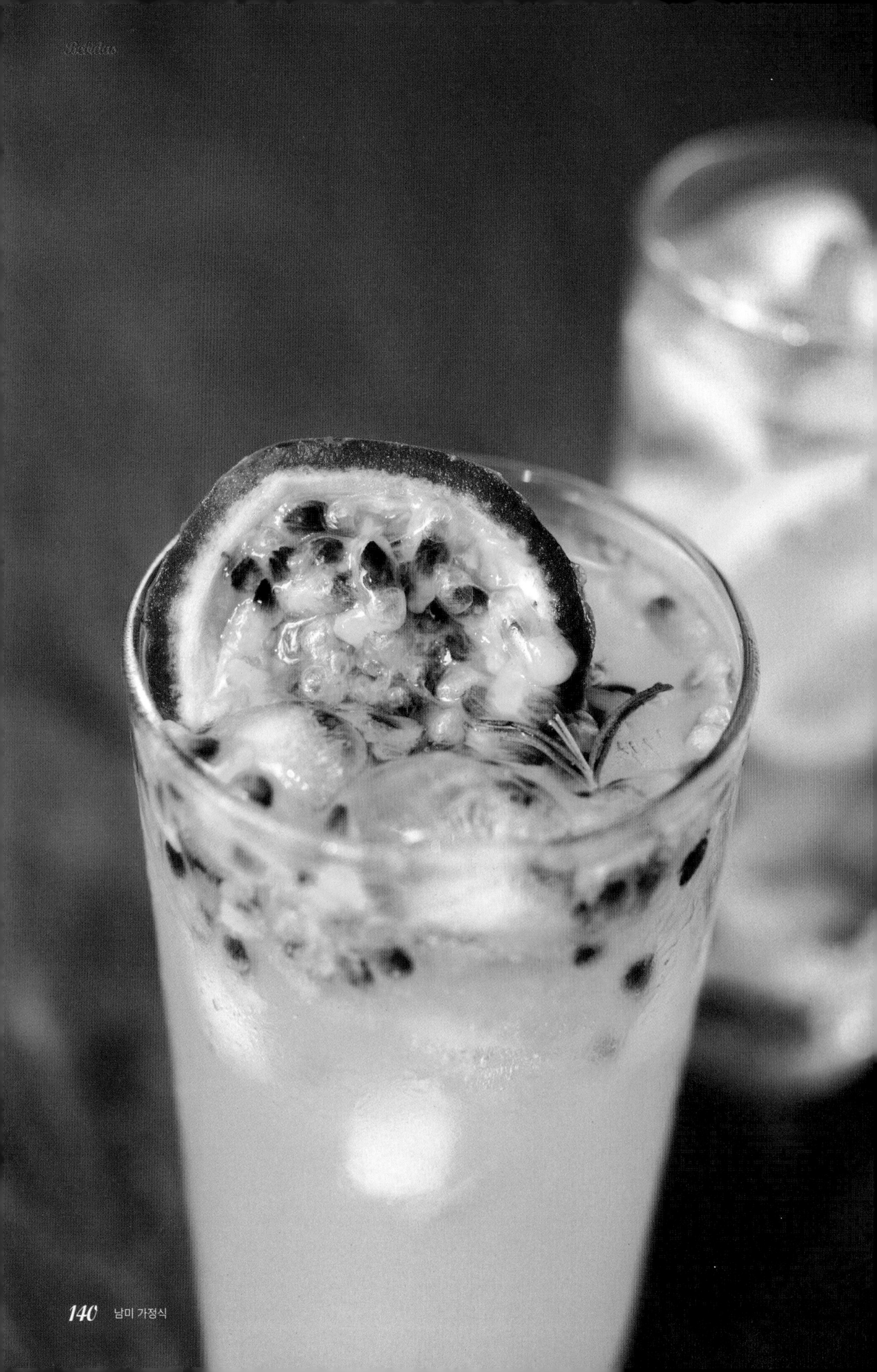

01 후고 데 마라쿠자 Jugo de Maracuyá

패션 프루츠 주스

무더운 날이 많은 남미에서 사랑받는 주스 중 하나는 패션 프루츠를 갈아 만든 주스이다. '마라쿠자'라고 불리는 패션 프루츠는 원산지가 브라질 남부이며 영양소가 아주 많은 것으로 유명하다. 마라쿠자를 갈아 주스나 시럽으로 사용하고 젤리, 무스, 셔벗, 아이스크림, 케이크 등에도 사용한다.

🕐 · 시간 : 10분

🍲 · 량 : 약 2인분

재료 **패션 프루츠** 5개, **탄산수** 2컵, **설탕** 4T

패션 프루츠를 반으로 자른다.

하얀 부분이 아닌 노란 알갱이를 숟가락으로 긁어낸다.

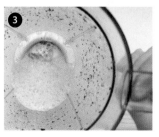

씨앗을 포함한 과육이 잘게 갈아질 정도로 믹서에 간다.

거름망에 씨앗을 걸러 낸다.

체에 걸러진 씨앗은 버린다.

원액에 설탕을 넣어 단 맛을 더 한다. 긴 유리컵에 얼음을 담고 탄산수와 원액을 2:1 비율로 섞고 저어서 마무리 한다.

02 상그리아 Sangría

과일 가득 와인 칵테일

상그리아는 스페인의 전통 칵테일 음료인데 식사에 곁들이기도 하고 가족과 친구들 모임에서도 즐기는 파티 칵테일이다. 여러 가지 레피시가 존재하지만 항상 오리지널 레시피를 선호한다. 상그리아는 냉장고에 최소 2시간에서 하루 정도 숙성시켜서야 과일 맛이 와인에 스며들어 진정한 상그리아의 맛을 느낄 수 있다.

🕐 · 시간 : 40분

🧺 · 량 : 약 2~3인분

| 재료 **레드 와인** ½병, **오렌지주스** ½리터, **사과** 1개, **체리** 약간, **오렌지** 1개, **레몬** 1개, **얼음**, **설탕** 2T

❶ 과일을 깨끗이 세척한다.

❷ 사과는 깍뚝썰기로 자르고, 오렌지와 레몬은 둥글게 잘라 유리병에 담는다.

❸ 유리병에 오렌지주스를 담는다.

❹ 설탕을 넣어 잘 저은 후, 얼음을 넣는다.

❺ 마지막으로 와인을 붓고 모든 재료를 잘 섞어준다.

Tip 쿠바에서는 저렴한 럼일수록 모히토가 맛있고, 스페인에서는 저렴한 와인일수록 상그리아가 맛있다는 우스갯소리가 있다. 처음부터 비싼 와인으로 시작하기 보다는 중저가 와인을 선택하는 것이 좋다.

03 모히토 Mojito

라임 애플민트 칵테일

모히토는 뱃사람들이 즐겨 마셨다고 하여 '해적의 술'이라고 불리기도 했다. 원래는 서민적인 술 중 하나였는데 지금은 유명해져서 다양한 레시피들로 만들어지고 있다.

모히토는 라임을 레몬으로 바꿔 사용하는 것만으로도 다른 음료라고 느낄 정도로 그 맛이 달라진다. 그렇기 때문에 재료 하나라도 다른 것으로 대체하면 본연의 맛을 느낄 수 없다. 멕시코산 라임으로 만들고 노란 레몬으로 데코를 해주면 가장 맛 좋고 예쁜 모히토가 완성이 된다. 쿠바의 대표 럼 하바나 클럽의 레시피를 활용해본다.

🕐 · 시간 : 10분

🧺 · 량 : 약 2인분

재료 라임 1개, **레몬** 1개, **럼** 1샷(45ml), **탄산수**, 1/2컵, **설탕** 2T, **애플민트** 1줌, **얼음** 적당량

라임을 깨끗이 씻고 즙을 짜기 쉽게 반으로 자른다.

유리잔에 라임즙과 설탕을 넣고 잘 섞는다.

민트를 넣고 절굿공이로 향이 우러나도록 으깬다.

라임즙과 민트가 들어 있는 잔에 럼주를 추가한다.

얼음을 넣고 탄산수로 잔을 가득 채워 잘 젓는다.

레몬을 3mm 두께로 통썰기로 잘라 넣는다.

04 마테 둘세 Mate Dulce

달콤한 마테차

남미에서 즐겨 마시는 마테나무 잎으로 만든 마테차의 변형된 음료이다. 달콤한 마테라는 뜻의 마테둘세는 일반적인 마테차와 마시는 방법이 매우 다른 음료이다. 하지만 여러 사람과 돌아가며 마시는 전통은 그대로 유지하는데 한 사람이 빨대로 마시고 나면 따뜻한 우유를 부어 다음 사람에게 건네면서 차례대로 마시는 방식이다. 함께 어울려 마테차를 즐긴다는 것은 상대를 친구로 생각하고 환대한다는 의미가 담겨 있다.

⏰ · 시간 : 15분

🍲 · 량 : 약 2~3인분

| 재료 **코코넛 플레이크** 1컵, **설탕** 4T, **우유** 1L, **오렌지껍질, 마테차 티백** 2개

냄비에 우유와 오렌지껍질, 설탕을 넣어 끓이고 마테차 티백을 우린다.

컵에 코코넛 플레이크를 담는다.

오렌지 껍질을 제외한 우유를 컵에 붓고 코코넛 맛이 우려지면 우유만 마신다.

 남미에서는 봄빌야라는 빨대로 마시는데 빨대 앞 쪽에 차 잎을 걸러 내주는 망 같은 역할을 하는 부분이 있어 건더기 없이 물 또는 우유만 마실 수 있다.

05 초콜라테 숩마리노 Chocolate Submarino

아르헨티나 핫 초코

아르헨티나의 대표 핫 초코 숩마리노는 잠수함이라는 뜻인데 초콜릿을 잠수시킨다는 데서 이름을 붙였다고 한다. 뜨거운 우유에 초콜릿 한 조각을 입수시키고 유리잔 벽에 초콜릿을 묻혀가며 녹여 먹는 코코아이다. 우유잼이 듬뿍 들어간 츄러스와 함께 먹는 겨울 단골손님이다.

🕐 · 시간 : 10분

🧺 · 량 : 약 1인분

재료 **우유** 500cc, **초콜릿** 2조각, **설탕** 1t

❶ 냄비에 우유와 설탕을 넣고 우유가 끓기 시작하면 불을 끈다.

❷ 긴 컵에 뜨거운 우유를 담고 초콜릿 조각을 넣는다.

❸ 약 2분간 초콜릿이 녹기를 기다렸다가 잘 저어 마신다.

❹ 취향에 맞게 초콜릿은 더 추가해도 좋다.

06 초콜라테 콜롬비아노 Chocolate Colombiano

콜롬비아 핫 초코

처음 이 메뉴를 접했을 때 좀 당황스러웠다. 어떤 맛일지 쉽게 상상이 되질 않았다. 그런데 맛을 본 후로는 핫 초코에 버터조각을 넣지 않고 마실 수 없게 되어버렸다. 버터 한 조각은 핫 초코에 금방 녹아버리는데 고소하고 감칠맛을 더해준다. 버터 대신 치즈를 넣을 경우 치즈가 녹으면서 입 속에서 단 맛과 짠 맛을 한 번에 느낄 수 있어서 정말 매력적이다.

⏰ · 시간 : 10분
🍲 · 량 : 1인분

> 재료 **코코아가루** 2T, **우유** 1컵, **설탕** 1T, **모차렐라 치즈 또는 버터** 1조각

❶ 냄비에 우유, 코코아가루, 설탕을 넣고 끓인다.

❷ 우유가 끓기 시작하면 불을 끄고 잔에 담는다.

❸ 버터 또는 치즈를 코코아 속에 넣고 녹여서 마신다.

초판 1쇄	2018년 2월 10일
초판 2쇄	2019년 1월 8일
지은이	허다연
펴낸이	김현태
편집인	김은기
사진	임명산
디자인	디자인 창 (디자이너 장창호)
펴낸곳	따스한 이야기
등록	No. 305-2011-000035
전화	070-8699-8765
팩스	02- 6020-8765
이메일	jhyuntae512@hanmail.net

따스한 이야기 페이스북

https://www.facebook.com/touchingstorypublisher

따스한 이야기는 출판을 원하는 분들의 좋은 원고를
기다리고 있습니다.

가격 13,000원